U0210870

水下油气生产系统基础

李志刚　姜　瑛　王立权　编著

科　学　出　版　社

北　京

内 容 简 介

本书包括海洋油气田水下生产系统相关知识条目共151条，内容涵盖水下生产系统、水下生产设施、流动保障、水下工艺设备、水下连接设备、水下井口和采油树、水下控制系统和安装/修井控制系统、水下脐带缆、水下安装作业工机具等九大部分。每个部分均选择若干具有代表性的知识条目，力求简洁、全面，具有针对性。

本书主要面向海洋油气田水下生产系统开发及相关行业的研发、设计和工程技术人员，旨在介绍水下油气生产系统的相关基础知识，为海洋油气行业科研和技术人员了解水下油气生产系统、开发水下油气田提供参考。

图书在版编目(CIP)数据

水下油气生产系统基础/李志刚，姜瑛，王立权编著. —北京：科学出版社，2018.11

ISBN 978-7-03-059713-7

Ⅰ.①水… Ⅱ.①李… ②姜… ③王… Ⅲ.①海上油气田-油气田开发-水下技术 Ⅳ.①TE5

中国版本图书馆CIP数据核字(2018)第263299号

责任编辑：裴 育 陈 婕 纪四稳 / 责任校对：张小霞
责任印制：张 伟 / 封面设计：蓝正设计

科 学 出 版 社 出版
北京东黄城根北街16号
邮政编码：100717
http://www.sciencep.com
北京虎彩文化传播有限公司 印刷
科学出版社发行 各地新华书店经销
*
2018年11月第 一 版 开本：720×1000 1/16
2018年11月第一次印刷 印张：14 1/4
字数：280 000

定价：98.00元

序

随着我国经济的高速增长，对石油和天然气的需求不断增加。目前，国内陆地石油和天然气的开发速度已经满足不了这一需要。根据国际权威机构的分析报告，未来全球油气可采储量中海洋油气资源占 63%，其中深水油气资源占 43%。海洋油气资源的开发已经成为石油和天然气行业的主要经济增长点。这就迫切需要我们加快向海洋、向深水迈进的步伐。

水下油气生产系统是深水油气田开发的主要模式之一。国外水下油气生产系统技术是在 20 世纪 60 年代发展起来的，目前已日趋成熟。它具有布置灵活、可靠性高、后期受自然灾害影响小、维护成本低等特点，利用水下采油树、水下管汇、脐带缆、海底管道等生产、控制设备将油气就近输送到附近的固定式平台、浮式设施进行处理和外输，或直接输送到陆上终端进行处理。目前，深水油气田大多数采用浮式设施和水下油气生产系统相结合的开发模式，如美国墨西哥湾 85%的深水油气田采用的就是这种开发模式。

我国深水油气田的开发起步较晚，主要集中在南海。目前运营和在建的深水油气田的核心技术和设备大多是从国外引进的。我国已在水下油气生产系统技术领域投入了大量的人力、物力和财力，初步形成水下油气生产系统技术和装备的研发队伍，具有水下油气生产系统核心技术和装备的研发能力，并且研制出国产的水下采油树、水下管汇、水下分离器、水下连接器、水下分配单元、水下控制模块、跨接管及脐带缆等关键装备。

《水下油气生产系统基础》一书主要介绍了水下油气生产系统技术和装备的基础知识，内容涵盖水下油气生产系统核心装备，主要包括水下采油树、水下管汇、水下分离器、水下连接器、水下控制设备、跨接管、脐带缆等大部分内容。该书的出版将对我国海洋油气装备的国产化起到积极的促进作用，可以作为海洋勘探行业科研和技术人员、高等院校相关专业本科生和研究生了解水下油气生产系统的入门书籍。

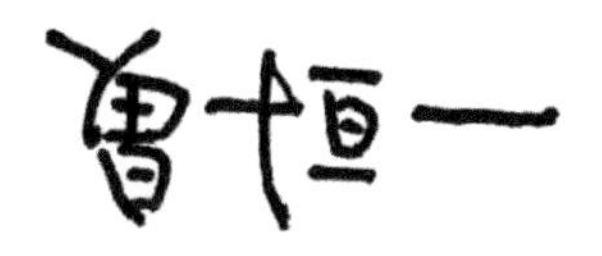

中国工程院院士

前　言

近年来，深海油气资源的开发越来越受到关注，对深海开发知识了解的需求越来越多。作为深海油气资源开发的重要手段和技术，何谓水下油气生产系统？其应用前景如何？在海洋油气田开发，特别是深水油气田开发中有什么重要作用？为更好地让社会各界了解深海开发，了解水下油气生产系统以及其中的关键设备和技术，更好地推进该领域的技术进步和应用，我们撰写了《水下油气生产系统基础》一书。

全书主要介绍海洋油气田开发的水下生产系统总体、水下生产设施、流动保障、水下工艺设备、水下连接设备、水下井口和采油树、水下控制系统和安装/修井控制系统、水下脐带缆、水下安装作业工机具等方面的知识。对于每个知识条目，我们都力求既体现科学性、专业性，又体现知识性、通俗性，用通俗易懂的文字、生动形象的配图来阐述。书中所讲解的151个知识条目，具有很强的针对性、实用性和可操作性。

本书由李志刚、姜瑛、王立权、张飞、王向宇、王宇臣、曹为、付剑波、曹永、王道明、贾鹏撰写。撰写期间，我们查阅了大量的文献资料，也得到了很多同志的帮助，在此表示感谢。

由于水平有限，书中难免有疏忽或不妥之处，敬请广大读者批评指正。同时，衷心希望本书对社会各界了解海洋油气资源开发这一领域有所帮助，希望社会各界对我国海洋油气资源开发事业的发展给予更多的关注和支持，为开发蓝色国土做出积极贡献。

作　者

2018年5月

目　　录

第4部分 水下工艺设备

第5部分 水下连接设备

第6部分 水下井口和采油树

第7部分 水下控制系统和安装/修井控制系统

第8部分　水下脐带缆

第9部分　水下安装作业工机具

第1部分　水下生产系统

1　水下生产系统的定义及组成

狭义的水下生产系统是指水下采油树及其下游、立管上游的水下生产设施构成的水下系统，主要包括水下井口系统、水下采油树、水下管汇、跨接管、水下连接系统、水下增压系统、水下分离系统等；广义的水下生产系统是指采用水下井口进行油气田开发时的水下生产设施及辅助系统、支持水下设施的水上部分构成的系统，主要包括水下井口系统、水下采油树、水下管汇、水下连接系统、水下增压系统、水下分离系统、回注系统、遥控式水下机器人（ROV）及其工具、脐带缆（umbilical）、水下控制系统、海管和立管系统、水下钻/修井系统[1]。水下生产系统示意图如图1-1所示。

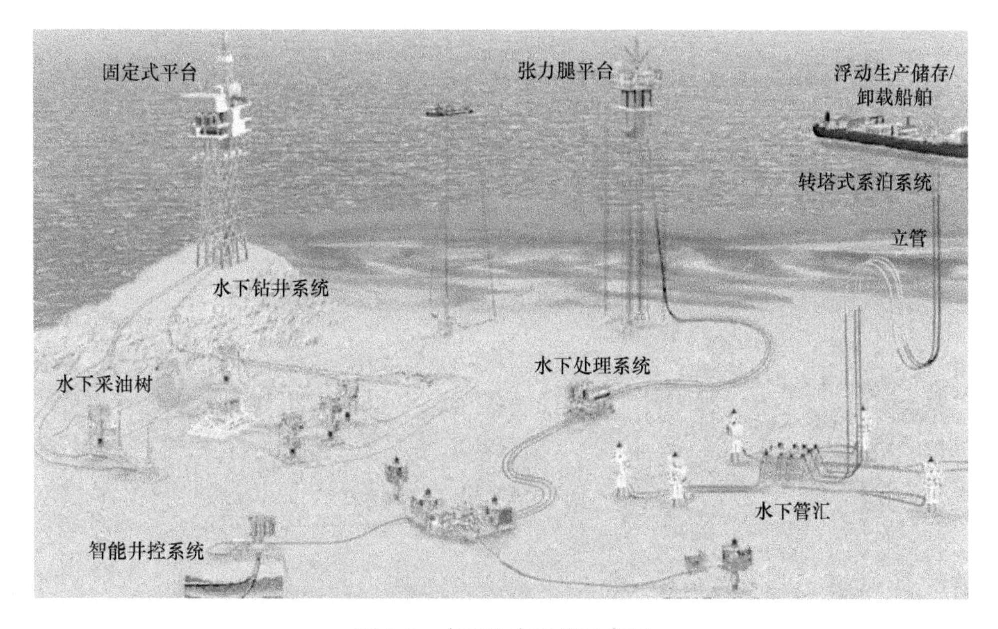

图1-1　水下生产系统示意图

2 “深水”等级的定义

一般来说，水深小于 500m 为浅水，水深大于 500m 为深水，水深在 1500m 以上为超深水(对此划分意见并不一致，有的国家把 200m 作为浅水、深水的界限)。ISO 13628-1-2005 规范中[1]，水深在 610m(2000ft)以下定义为浅水，在 610～1830m(6000ft)定义为深水，超过 1830m 定义为超深水。

3 水下生产系统的开发模式

水下生产系统的开发模式应根据具体油气田水深、环境条件以及油藏规模等综合考虑，水下生产系统开发模式主要如下。

1) 水下生产系统(SPS)结合浮式生产系统(FPS)和浮式生产储油装置(FPSO)的开发模式(SPS+FPS+FPSO)

FPS 可以和 FPSO 结合完成钻井、生产、处理、存储、外输的任务，钻井设施和动力系统安装在 FPS 上，火炬、储油和处理系统放在 FPSO 上。我国南海的流花11-1就是采用这种开发模式，如图3-1所示。SPS+FPS+FPSO模式具有如下

图 3-1 SPS+FPS+FPSO 开发模式

特点：

(1) 采用湿式采油树。

(2) 既可采用柔性立管，也可采用顺应式立管(SCR)。

(3) 平台有效载荷大，可支持较多的水下井口回接。

(4) 钻/修井既可通过钻井船来完成，也可通过平台钻/修机完成。

(5) FPSO进行原油处理和储存。

(6) 穿梭油轮外运原油。

(7) 建设周期适中。

2) 水下生产系统(SPS)结合浮式生产储油装置(FPSO)的开发模式(SPS+FPSO)

该模式为水下采油树或井口采出的原油通过立管回接到FPSO，原油在FPSO上处理，经过处理后的原油储存在FPSO内，之后由穿梭油轮运走，如图3-2所示。

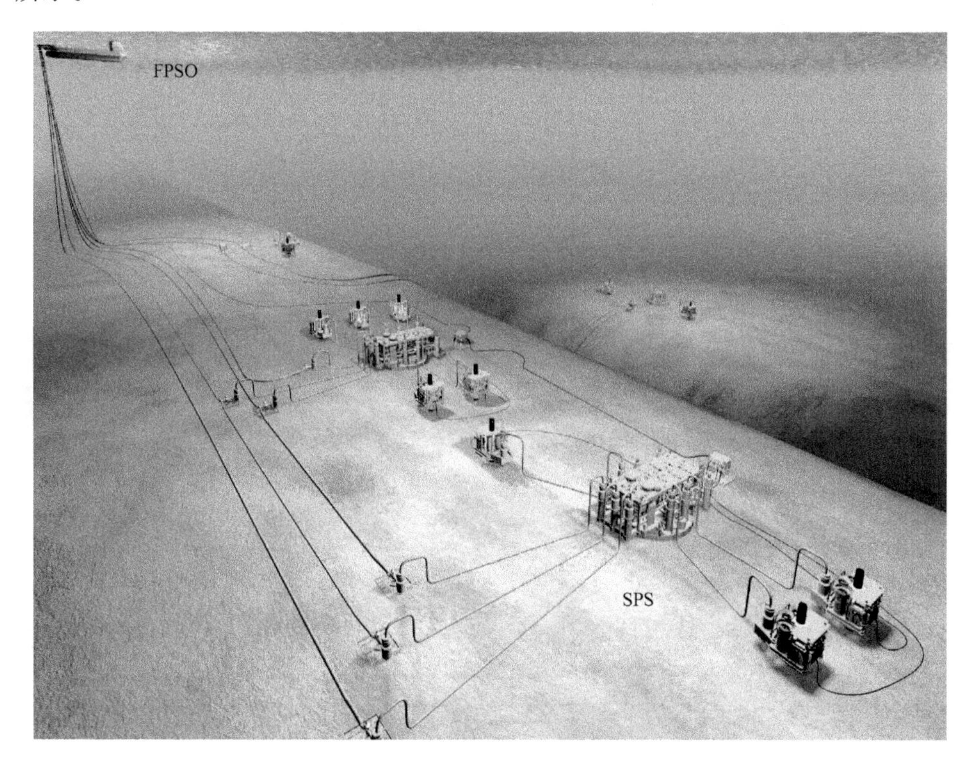

图3-2　SPS+FPSO开发模式

SPS+FPSO开发模式具有如下特点：

(1) 井口为预钻井。

(2) 采用湿式采油树。

(3) 一般采用柔性立管。

(4) 平台有效载荷大。

(5) 钻/修井通过钻井船来完成。

(6) 穿梭油轮外运原油。

(7) 建设周期短。

3) 水下生产系统(SPS)结合浮式生产系统(FPS)的开发模式(SPS+FPS)

该模式依托FPS,利用水下井口开采平台周边的油气藏,FPS除具备生产处理能力外,还可回接水下井口,因而这种开发模式适合于既有集中井进行干式开采,又有分散水下卫星井进行湿式回接的大型油气田的开发,水下井口采出的油气通过海底管道输送到FPS进行处理,然后利用管线并入管网后外输,如图3-3所示。

图3-3 SPS+FPS开发模式

4) 水下生产系统(SPS)回接到陆地的开发模式(SPS+ONLAND)

该模式适用于水下井口距离陆地较近的油气田,与SPS+FPS相比,其依托于陆地设备。水下井口采出的油气通过海底管道直接输送到陆地进行处理、存储及外输,如图3-4所示。

图 3-4　SPS+ONLAND 开发模式

4　常用的水下生产系统总体布置方案

根据具体油气田地质油藏特点和开发策略，常用的水下生产系统总体布置方案如下[2-5]。

1）单个卫星井回接到附近水下或水面处理设施

该模式的主要特点是将单个卫星井通过海底管道直接回接到附近的水下或水面处理设施。这种模式通常将生产管道和脐带缆的一端与所依托的平台连接，另一端与卫星井的井口相连，有时也将生产管线和脐带缆直接连接到采油树上，在较浅的海域应用十分经济。卫星井布置方案如图 4-1 所示。

单个卫星井回接到附近水下或水面处理设施的布局形式主要适用于井口高度分散、数量较少、井口产量相对不高的小型深水油气田的开发。在一个大型油气田的开发中，当少量卫星井距离丛式管汇或浮式结构物较远，且单独建造管汇中心不经济时，这时将单个卫星井回接作为一种特殊的情况处理。通常，通过1根或者2根流动管线，将单独的卫星井回接到已有的丛式管汇或者生产平台进行油气生产。此种布局形式可借助已有的设施条件进行单个卫星井生产，能够大大降低开发前期的投资成本，但因为不能形成清管回路，所以需要专门的接收球、发射球和支持船对单井清管，费用较高，且分支管线的铺设难度大，同时需考虑流动保障问题。

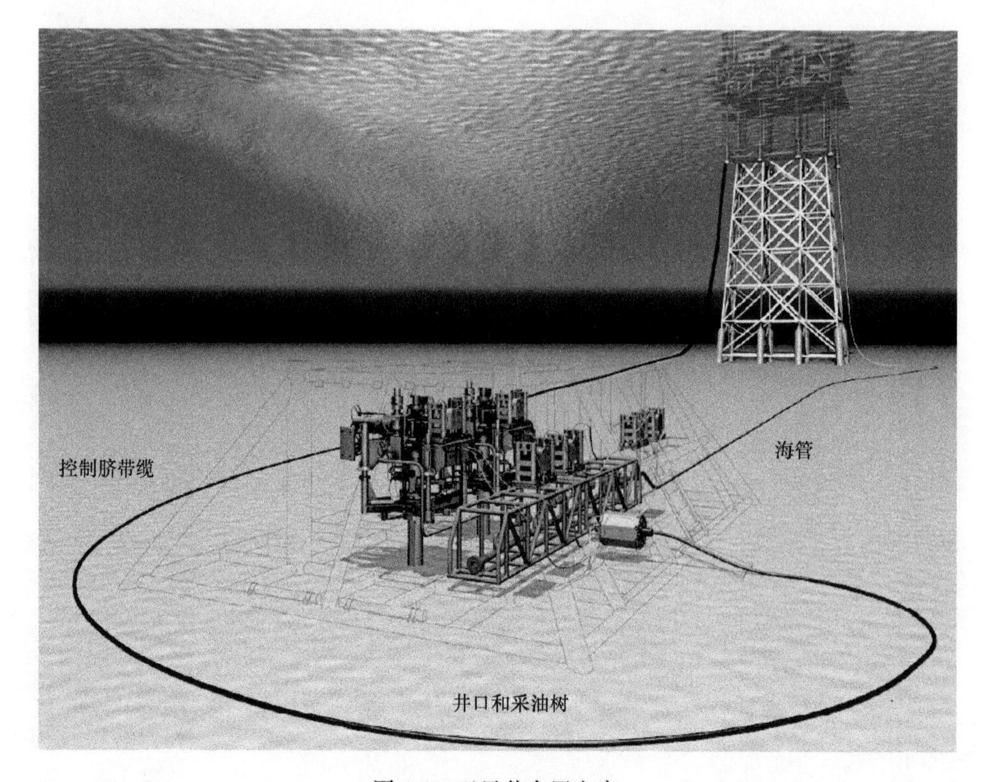

图 4-1　卫星井布置方案

2）管汇＋丛式卫星井：分散的单个卫星井或多个卫星井分别回接到水下管汇

这种模式的主要特点是单个卫星井或多个卫星井分别回接到海底中心管汇，中心管汇再通过一条或多条海底管缆回接到已有的基础设施，这时通常设计有两条同等规格的生产管线、作业管线和控制管缆，其优点在于具有两种不同压力体系的生产井可以同时生产，也便于进行清管作业。当需要同时进行钻井和生产作业时，这种开发模式机动灵活，不仅可以节省钻井时间，也可以优化生产井布置。图 4-2 为一个典型的管汇＋丛式卫星井的水下生产系统开发模式图。

丛式管汇是水下生产系统的一种中枢管汇系统，主要为油井产出物以及注水、注气、注化学药剂等提供聚集点和分配点，可分为生产管汇、注入管汇（分配管汇）和混合管汇。在生产中，各个水下井口的产出物借助连接设施汇集到丛式管汇上，直接或经水下分离、增压后，泵送到浮式平台进行处理。同时，来自上部平台的注水、注气、注化学药剂的管线经丛式管汇后，将水、气、化学药剂分配到各个水下井口上，进行注水、注气、注化学药剂操作。此种管汇能够极大地优化海底生产设施的布局、减少管线的使用数量，从而有效地降低投资成本，提高深水油气田的开发

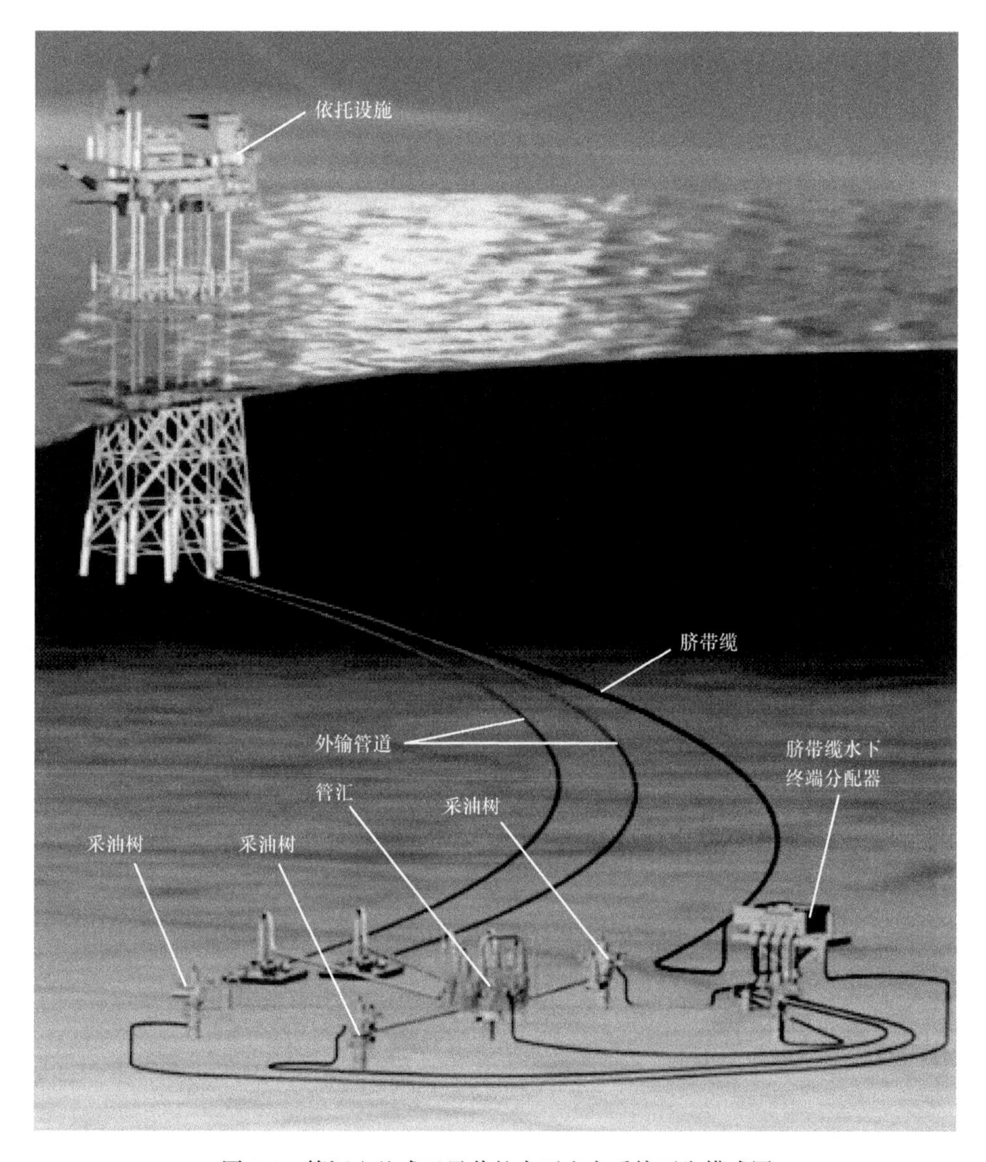

图 4-2　管汇＋丛式卫星井的水下生产系统开发模式图

效率，已经成为深水水下生产系统布局中的主要形式。一个典型的丛式管汇布局形式是多个独立的较分散的卫星井口围绕在管汇周围。

管汇＋丛式卫星井布局形式的主要特点如下：

(1) 适用于井口(采油树)相对集中的油气田。

(2) 钻井船一次就位可以钻多口井。

(3) 井口头、采油树及管汇可以分批到货，井口头供货周期短，钻井可以先期进行,以缩短工期。

(4) 设置一个脐带缆水下分配装置(SUTU)即可满足要求。

(5) 跨接管、连接头等附件数量多、费用高等。

3) 集中式基盘管汇:多口井共用一个集中基盘和管汇

集中式基盘管汇的开发模式是指多口井共用一个基盘和管汇,即井口装置和管汇安装在同一基盘上。基盘管汇实际上是一种大型的基础机构,能够为钻井和其他水下设施提供一种导向,用于支撑和保护水下井口,主要有成组基盘管汇和集中基盘管汇两种类型。前者尺寸相对较小,可允许接入的井口数量为 2、4、6、8。而后者尺寸较大,能够适用于 24 口井或者更多的井口,相比前者有更大的灵活性,且内部模块可在海底独立安装。但无论哪种基盘管汇,水下井口和管汇都集中在基盘上,结构相对紧凑,适合井网比较密集的井位,允许快速并行钻井,减少了水下井口与管线之间的连接设施,降低了基盘管汇在深水海床维护的复杂性,在捕鱼密度高的地区,特别有利于水下设备摆脱鱼钩的破坏。但是,这种系统灵活性较差,在 1000m 以上的水深中并不常见,往往需要大量的前期投资成本,且一旦需要修改,将会浪费大量的初始资金。同时,因基盘管汇上的水下井口布置紧密,钻井时可能因冲击而造成基盘上设施的损坏,风险高。另外,基盘管汇就位前不能提前钻井,延长了获得第一桶油的时间。因此,在深水或超深水中,此种管汇的发展受到一定程度的限制。图 4-3 为集中式基盘管汇布置方案工程示意图。

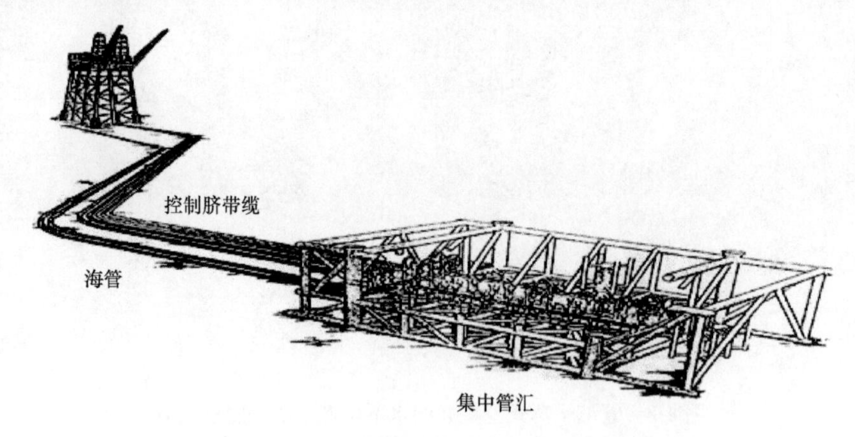

图 4-3　集中式基盘管汇布置方案工程示意图

集中式基盘管汇开发模式的主要特点如下:

(1) 适合于井口(采油树)相对集中的油气田。

(2) 采油树安装在管汇上,结构紧凑,便于管理。

(3) 海上安装时间短。

(4) 管汇安装水平度、各部分间的相对尺寸公差要求严格，设备费用高。

(5) 管汇、采油树等需整体测试后到货，钻井不能先期进行，工期长。

(6) 井口位置固定，不能调整，同时侧钻等修井作业对其他井的生产有一定影响。

4) 管串式：各个井通过管道连接在一起

管串式开发模式主要适应于水下卫星井有两个或者多个的中、小型深水油气田的开发，是将多个分散的井口分别完井后独立地回接到海底生产管线，再通过生产管线回接到所依托的设施。

管串式开发模式通常借助在线三通、跨接管等连接设施，通过1根或者2根流动管线将各独立的水下井口连接在一起，形成一种链式环形结构，各井口的产出物经流动管线，直接或者分离、增压后泵送到浮式平台。这种布局形式允许在中心平台发射或接收清管球，进行循环清管操作，尤其适用于低渗透的深水油气田。但主管线的内部尺寸不宜太大，否则管线的铺设难度大、造价高，且因链式回路的距离较长，流动保障是一个严重的挑战。另外，当进行下一口井的钻井时，需要重新定位钻机或动力定位船只，费用高。连接时，需要多个在线三通和跨接管，安装、调试的工作量大，且每个水下采油树上都需安装1个节流器，以防止流动压力失衡。图4-4为管串式布置方案工程示意图。

图4-4　管串式布置方案工程示意图

管串式开发模式的主要特点如下：

(1) 适合生产井相对分散的油气田。

(2) 井口头、采油树及管汇可以分批到货，井口头供货周期短，钻井可以先期进行，以缩短工期。

(3) 跨接管、连接头等附件较多。

(4) 安装船需要多次就位进行安装作业，各水下井口通过三通与主管道相连，海上安装时间长。

5) 综合开发模式

一般大型油气田开发常综合以上几种开发模式混合使用。综合开发模式适用于大型油气田，井数相对较多，且分布较为复杂。综合开发模式总体布置示意图如图 4-5 所示。

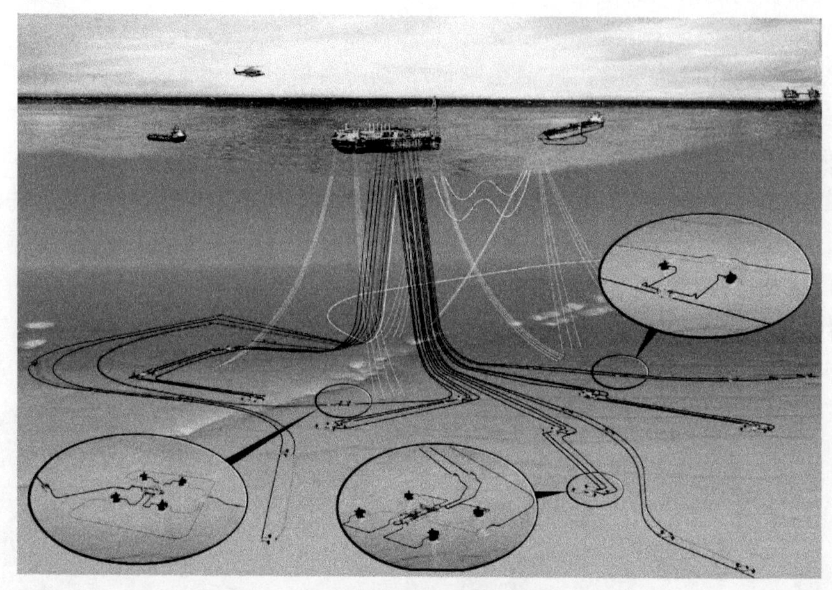

图 4-5 综合开发模式总体布置示意图

5 油气田水下生产系统总体布置的影响因素

影响油气田水下生产设施布置的因素主要有油气田位置、周边设施情况(依托设施、工具)、水深、井数、井位分布、回接距离、油气藏物性、修井频率及方法、采油方式、环境条件等，详细情况如表 5-1 所示。

表 5-1 油气田水下生产系统总体布置影响因素

影响因素	基本参数	用途
油气田位置		确定水下油气田开发模式、依托设施新建/改造工程量的参数
周边可依托设施详细资料		
油气田类型及规模		

续表

影响因素	基本参数	用途
生产井、注采井信息		确定水下生产系统应用形式，以及水下井口、水下管汇等主要水下设备位置及设计参数
生产流体组成		
海底管道信息及铺设能力		
环境条件		确定所选水下井口、采油树安装及维护方式、气候窗、防护措施等
采油方式		确定采油树类型
落物、航运		确定防护措施
锚区和渔业活动范围		
清管、置换		确定清管方式、置换方案
未来周边滚动开发计划		确定预留方案
生产周期		设计使用寿命
是否回收利用	可回收利用设施	弃置方案
海洋环境要求	液压液的排放； 置换或清管液的处理； 钻井液和岩屑的处理等	环保措施

6　深水水下生产系统设计时的注意事项

高静水压力有时可能对设备产生意外影响。在设计深水水下生产系统时，需要考虑以下几点：

(1) 压力不平衡时，静水压可能将零件强行连接或分离，高压可能引起卡咬或故障。

(2) 静水压力可能压溃合成橡胶密封、软管和其他软性部件。

(3) 弹簧复位驱动器可能受到影响，使阀门意外开闭。

(4) 脐带缆耦合器密封可能受海水入侵，或者连接板可能无法分离。

(5) 高压可能被圈闭在处于很深位置的设备内部，回收设备时可能对人员造成危害。

(6) 由不同流体的比重差异造成的静水压差可能引起意外反应，当脐带软管中的压井液或化学药剂比周围海水压力或海洋钻井立管和油井中的盐水完井液轻时，可能导致流体进入脐带软管中的 U 形油管或影响作业工具/装置的液压功能。

7　水下生产系统的可靠性

水下生产系统的可靠性是水下工程的设备、系统以及工序在特定时间内、特定环境下操作正确时能够顺利完成相关目标而不发生失效的能力，其目的是避免或最大限度减少因系统丧失可靠性而引起的停产、资产损失、环境污染和人员伤害。

海上油气资源的开发与生产过程会遇到因可靠性而引起的各种风险，如果不能妥善管理，将会发生事故，甚至是难以控制的灾难。对于深水油气田开发中广泛应用的水下生产技术的所有环节，包括设计、建造、测试、安装和操作，只要其中一个环节的可靠性降低，都可能影响整个深水油气田开发的经济收益。因此，水下开发与生产设备的可靠性是安全生产、可用性和维修性的成本控制因素之一。水下生产系统的可靠性分析主要依据的规范为 API RP 17N[6] 和 ISO 20815[7]。下面主要从 API RP 17N 来分析说明水下生产系统的可靠性。

1) API RP 17N 的应用目的与应用范围[8]

API RP 17N 是为操作者、承包商、供应商、水下项目管理者、执行者提供水下工程项目中可靠性技术的应用指南，因此其应用范围如下：

(1) 标准和非标准的设备。

(2) 项目的所有阶段，从可行性研究到投产操作阶段。

在项目中应用 API RP 17N，可以对以下四个方面获得更好的理解：

(1) 水下生产系统未来性能的保障。

(2) 可靠性要求与操作维修的对比。

(3) 有效地管理来自新技术应用或者标准设备新应用的风险。

(4) 在工程进度安排方面，有足够的时间提交所有的技术风险。

2) API RP 17N 应用的工程类型、水下设备类型及工程应用阶段

(1) API RP 17N 应用的工程类型。

API RP 17N 针对整个水下生产技术，可应用于水下生产技术领域的所有工程项目涉及的工作范围，具体包括以下四种类型的工程：

① 重复性的油气田开发项目，应用的是已经过油气田证明或全部得到资质认证的硬件设备；

② 水下生产系统的新技术开发项目；

③ 虽然有些油气田开发项目采用了已有技术，但在该油气田开发中，技术操作条件已经超出了原有技术的应用范围；

④ 涉及新技术的油气田开发项目。

API RP 17N 的原理是根据水下生产技术风险的等级和源头，优先考虑项目中的可靠性与技术风险管理。对于涉及高技术风险的项目/设备，推荐开展更加详

细的可靠性分析工作。而对于低技术风险的项目/设备(如工程项目中应用的技术与设备都已得到油气田应用的证明和认证)，只对在技术和管理上超出已有成功经验的工作范围进行可靠性分析。

(2) API RP 17N 应用的水下设备类型。

API RP 17N 适用于水下生产系统中的所有设备，主要包括以下四种类型。

① 水下设备和硬件，主要是 API RP 17N 中所定义的从井下到水上接口的所有设备与硬件设施，一般包括井下和完井设备、井口系统设备、水上接口、水下生产控制系统、油气田内部管线和海底管道。

② 安装设施和工具。与安装设施、设备、工具和程序相关的风险应包括确保对于永久被安装于水下的设备在建造程序上不影响可靠性。

③ 系统接口。硬件设施形成的风险应被考虑，尤其是在项目组中有不同的供应商和不同的管理组织实施的项目之间的接口。

④ 水下干涉与维修设备。修井与干涉的方法和工具应包含在水下系统的评估中，因为修井与干涉的方法和工具对水下生产系统的维修性和可用性有直接的影响。

(3) API RP 17N 的工程应用阶段。

API RP 17N 涉及水下生产技术工程项目的所有时期，从可行性研究到设计，直至最终的操作。根据该规范，可将工程项目分为以下五个阶段：

① 可行性研究阶段；

② 概念设计阶段；

③ 前端设计阶段；

④ 详细设计与制造阶段；

⑤ 集成测试、安装、调试和操作阶段。

3) API RP 17N 可靠性与技术风险管理的原理

(1) API RP 17N 的底层结构。

API RP 17N 的可靠性管理流程是在标准 ISO 20815 的 12 个关键可靠性流程上发展起来的。然而，API RP 17N 的关注点是工程的执行，从更实用的角度描述各种综合了可靠性与技术风险管理的活动。这些活动已经被编排成一个四步骤的基本循环(图 7-1)，该循环可以应用于工程的每个阶段和每一项具体的可靠性分析工作(图 7-2)。

随着项目的推进，在不同的阶段，可靠性和技术风险管理所关注的重点也不尽相同，对于图 7-2 中所确定的定义、计划、执行和反馈循环，API RP 17N 建议在不同的项目阶段分别应用表 7-1 中的方法。

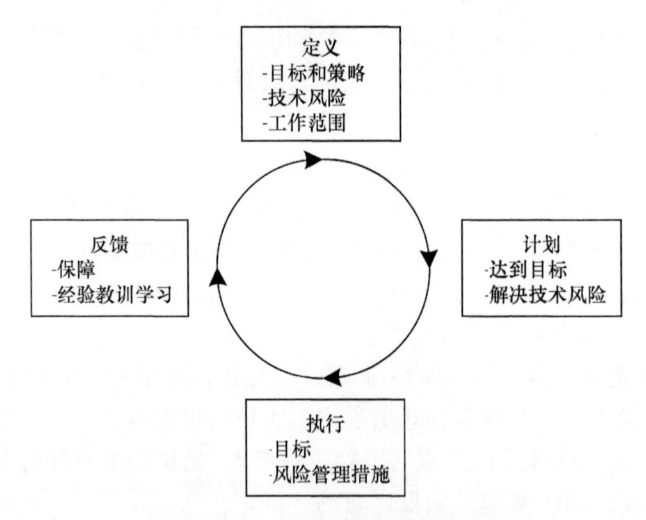

图 7-1　定义、计划、执行、反馈循环

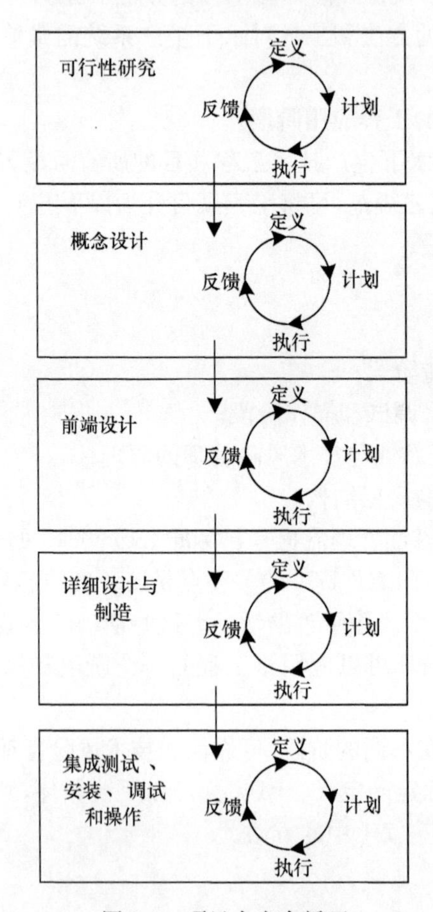

图 7-2　项目全寿命循环

表7-1　水下项目执行的不同阶段可靠性分析方法

序号	项目阶段	考虑的角度	说明
1	可行性研究	从项目层面考虑	考虑整个系统对项目实现的挑战(油气田位置、环境、新技术)
2	概念设计	从系统层面考虑	考虑在技术上和不同系统构架上的可靠性含义
3	前端设计	从成套设备层面考虑	考虑单个成套设备需要什么样的规格要求，能满足整个系统的可靠性目标(如井口、采油树、管汇、脐带缆)
4	详细设计与制造	从子部件和零件层面考虑	考虑与单个零件相关的可靠性风险(如阀门、连接器、传感器)
5	集成测试、安装调试和操作	从程序层面考虑	考虑如何通过程序控制，避免可能影响可靠性的错误，也包括测量和维护保持性能并搜集可靠性信息，以提高未来项目的可靠性

(2) 可靠性关键流程。

风险的特点是具有普遍性和多样性，因此建立整体的风险管理范围是非常困难的。API RP 17N同ISO 20815以及BP公司内部可靠性与技术风险管理文件在策略上是一致的，鼓励项目管理人员和工程师在思考项目问题时根据12个关键可靠性流程进行分析。API RP 17N中给出的12个关键可靠性流程如下，它的名称与ISO 20815中的稍微有一些不同，这是因为ISO 20815基于“生产保障”，而不是API RP 17N所倡导的“可用性”。

① 可用性要求和目标的定义——KP-1；

② 对可用性的组织和计划——KP-2；

③ 对可用性的设计和制造——KP-3；

④ 可靠性保障——KP-4；

⑤ 风险与可用性分析——KP-5；

⑥ 可靠性质量与测试——KP-6；

⑦ 校核与验证——KP-7；

⑧ 项目风险管理——KP-8；

⑨ 性能追踪与数据管理——KP-9；

⑩ 供货链管理——KP-10；

⑪ 变更管理——KP-11；

⑫ 组织学习——KP-12。

12个可靠性关键流程与定义、计划、执行和反馈循环的相互作用如图7-3所示。

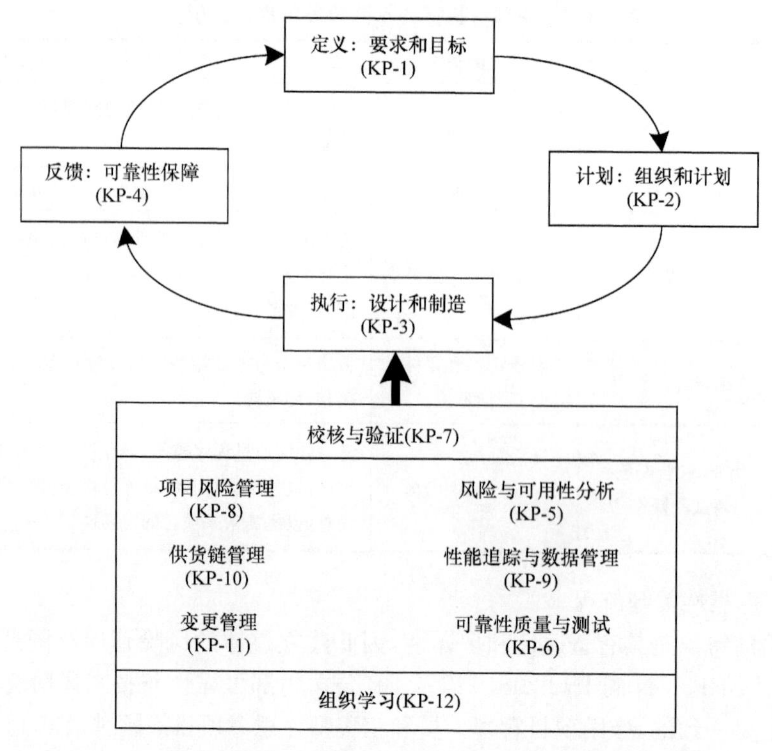

图 7-3　可靠性关键流程与定义、计划、执行和反馈循环的相互作用

首先应对一个给定的项目进行风险水平的归类，不同项目的可靠性和技术风险管理的工作量不相同，所涉及的关键可靠性流程也不相同。表 7-2 是 API RP 17N 中给出的一个总体性的指导。

表 7-2　不同的项目风险水平与执行阶段需要考虑的关键可靠性流程

水下生产系统开发的保障流程				项目生命周期						
				承包合同授标之前		承包合同授标之后				
低风险项目	中风险项目	高风险项目	主流程	可行性研究	概念设计	前端设计	详细设计与制造	集成测试	安装与调试	操作
	×	×	可用性要求和目标的定义	×	×	×	×			
×	×	×	对可用性的组织和计划	×	×	×	×	×	×	×
×	×	×	对可用性的设计和制造		×	×	×	×		
×	×	×	可靠性保障	×	×	×	×	×	×	×
	×	×	风险与可用性分析	×	×	×	×			

续表

水下生产系统开发的保障流程				项目生命周期						
				承包合同授标之前		承包合同授标之后				
低风险项目	中风险项目	高风险项目	主流程	可行性研究	概念设计	前端设计	详细设计与制造	集成测试	安装与调试	操作
×	×	×	校核与验证	×	×	×	×	×	×	×
×	×	×	项目风险管理	×	×	×	×	×	×	×
		×	可靠性质量与测试		×	×	×	×		
×	×	×	性能追踪与数据管理					×	×	×
	×	×	供货链管理			×	×	×	×	
×	×	×	变更管理		×	×	×	×	×	×
×	×	×	组织学习	×	×	×	×	×	×	×

8　水下设备基于风险的检验技术

基于风险的检测(risk based inspection,RBI)技术是近 30 年来在西方乃至全世界被逐渐广泛采用并得到企业认可的设备检测技术,是以追求特种设备系统安全性与经济性统一为理念,在对特种设备系统中固有的或潜在的危险进行科学分析的基础上,给出风险排序,找出薄弱环节,以确保特种设备本质安全和减少运行费用为目标,建立一种优化检验方案的方法[9-12]。

水下设备 RBI 是以风险分析为基础,通过对水下设备中固有的或潜在的危险及其后果进行定性评估或定量评估,制订有针对性的检测计划,对设备进行检测和维护[13-16]。

1) RBI 技术的基本思想

RBI 是一种动态和系统的检测方法,将安全系统工程和风险管理的理念引入设备检测之中,实现了企业设备生命周期的风险管理。实施 RBI 首先要充分考虑设备早期的检测结果、服役时间、设备损伤水平和风险等级来确定检验周期,同时通过风险分析,给予高危险程度的设备更多的关注,即分配给其更多的检验资源,但也不忽视对低风险设备的管理。

RBI 的实施能够帮助企业合理地分配和使用检测资源,有效地节约维护成本,为生产装置长周期安全运行提供可靠的技术保障,同时提高了设备乃至整个装置运行的可靠性。

2）RBI技术的实施程序

RBI技术可以归纳为定性RBI技术、半定量RBI技术和定量RBI技术。通常，对工厂或车间检验采用定性RBI技术，对成套装置检验采用定量RBI技术或半定量RBI技术，对单台设备检验可采用上述三种方法中的任一种。在实践中根据RBI技术的应用范围和能够收集到的资料的详细程度进行选择。定量RBI技术是对较复杂系统进行风险评估时的最佳选择。定量RBI技术分析的步骤如图8-1所示。

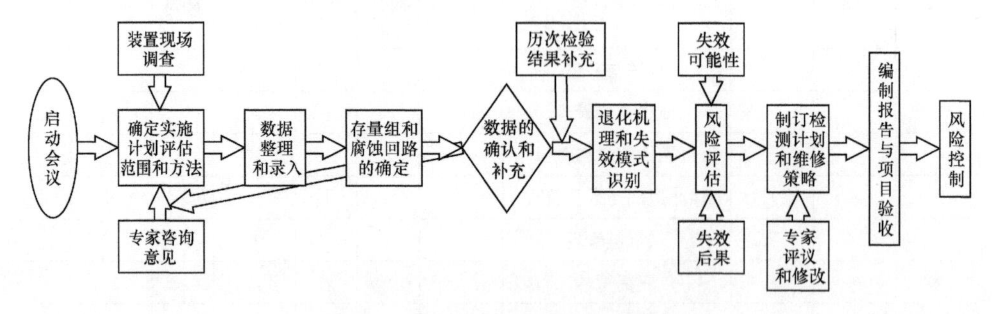

图8-1　定量RBI技术分析的步骤

图8-1列出了定量RBI技术实施的基本步骤。确定实施计划评估范围和方法是RBI技术分析的基础；数据整理和录入要将现场采集的数据和历史数据相结合；退化机理和失效模式识别对RBI技术评估的质量和效果有着非常重要的影响；RBI技术的最终目的是评估和优化设备检修方案，对每台设备都要根据其风险等级和腐蚀机理制订检测计划并实施有效的风险控制。

通过对水下设备进行基于风险的检测，最大限度地提高水下系统的可靠性和可行性，避免事故发生或降低事故发生的概率，可以保证水下生产系统的整体性[17]。

9　深水油气田水下生产项目开发成本的组成及比例

深水油气田水下生产项目开发成本是指整个工程开发过程中所需支出的总费用，包括资本支出费用（capital expenditure，CAPEX）和运营费用（operating expense，OPEX）。资本支出费用是指水下生产系统的设备采购、测试、安装及管理费用；运营费用是指水下生产系统进入正常生产运营期间产生的各项操作、维护、检测等费用。

图9-1给出了深水油气田水下开发资本支出数额构成分解。以设备费用为例，影响价格的主要因素有井数、水深、油藏压力等级/温度等级、材料要求以及安装船舶的适用性。

运营费用计算公式如下：

$$\text{OPEX}=\text{干预持续时间}\times\text{钻机运行日费率}$$

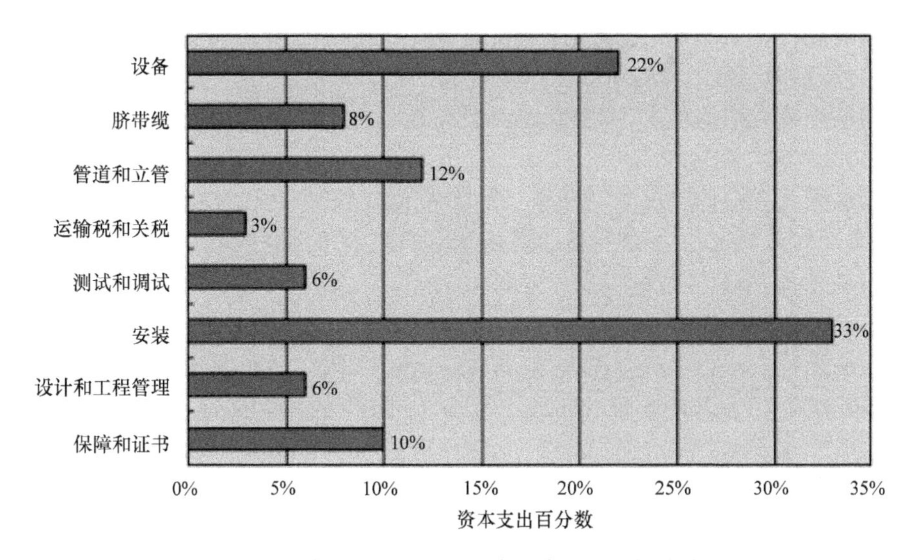

图 9-1 深水油气田水下开发资本支出数额构成分解

图 9-2 为深水油气田水下开发运营成本的典型分布。在总运营成本中,各种成本组成部分的百分数随公司和开发区域的变化而变化。

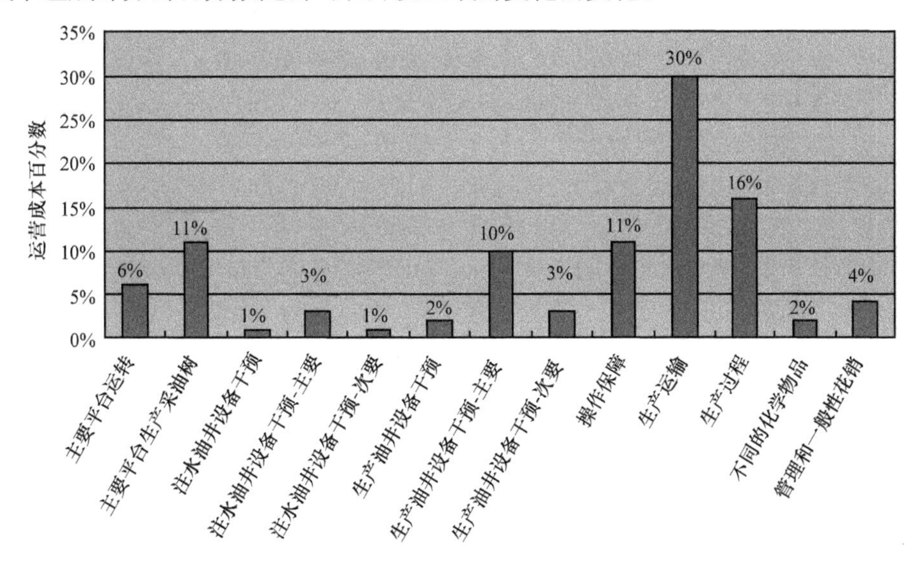

图 9-2 深水油气田水下开发运营成本的典型分布

10 深水油气田开发面临的挑战

随着科学技术的进步和人类对海洋石油资源认知水平的不断提高,海洋油气田的勘探开发已从浅海走向深海，甚至超深海，深水油气田的开发已成为世界石油工业的热点和科技创新的前沿。而随着海洋油气田的进一步开发，深水油气田开发面临的挑战也越来越大，其主要表现在以下几个方面[18,19]：

1）深水油气勘探技术

深水油气勘探是深水油气资源开发首先要面对的挑战，包括深水油气钻探技术、深水油气开采技术、长缆地震信号测量和分析技术、多波场分析技术、深水大型储集识别技术、隐蔽油气藏识别技术等。

2）复杂的油气藏特性

深海油气田原油常具有高黏、易凝、高含蜡等特点，同时还存在高温、高压、高CO_2含量等问题，这给海上油气集输工艺设计和生产安全带来许多难题。

3）海洋环境恶劣

深海海洋环境常具有强风强流特点，还有内波、海底沙脊沙坡、海冰等，使得深水油气开发工程设计、建造、施工面临更大的挑战。

4）深水海底管道及系统内流动安全保障

深水海底为高静压、低温环境，这对海上和水下结构物提出了苛刻的要求，也对海底混输管道提出了更为严格的要求。来自油气田现场的应用实践表明，在深水油气混输管道中，由多相流自身组成(含水、含酸性物质等)、海底地势起伏、运行操作等带来的问题，如段塞流、析蜡、水化物、腐蚀、固体颗粒冲蚀等，已经严重威胁到生产的正常进行和海底集输系统的安全运行。

5）经济高效的边际油气田开发技术

有些边际油气田具有底水大、压力递减快、区块分散、储量小等特点，在开发过程中往往需要考虑采用人工举升系统，这使得许多边际油气田开发的常规技术(如水下生产技术等)面临着更多的挑战，意味着水下电潜泵、海底增压泵等创新技术将应用到边际油气田的开发中；同时也意味着降低边际油气田的开发投资，使这些油气田得到经济、有效的开发，将面临更多、更为复杂的技术难题。

第 2 部分　水下生产设施

11　常用的水下生产设施

常用的水下生产设施有水下采油树、水下井口基盘、水下管汇、保护框架、水下设施基础、脐带缆终端设施、海管终端、在线三通、跨接管和连接器等。常用水下生产设施示意图如图 11-1 所示。其作用原理为：从井底产出的油气经井口、采油树，依次流经跨接管、管汇、流动管线和立管等，到达海面处理设施，经处理后从输油管线或油轮输送至岸上[20]。

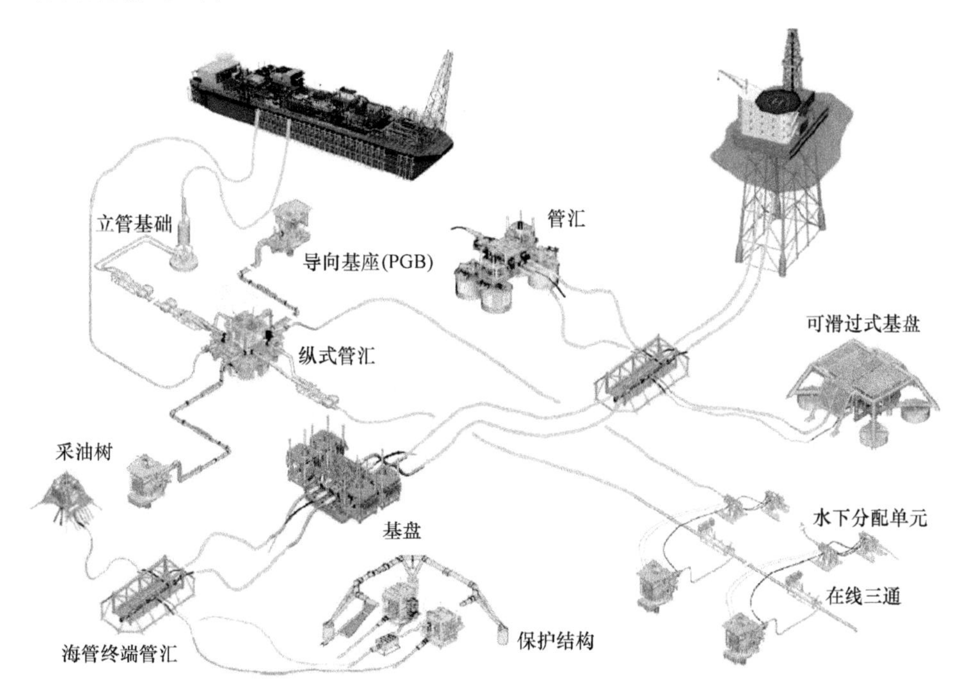

图 11-1　常用水下生产设施示意图

12　海管终端设施、海管终端管汇、在线三通

海管终端设施(pipeline end termination，PLET)、海管终端管汇(pipeline end

manifold,PLEM)、在线三通(in-line tee,ILT),这三种设备通常直接和海管连接在一起,随海管一起安装到海底。

1) PLET

PLET是海底连接系统的一个重要组成部分,位于海管的末端,主要用于实现管线与水下生产设施之间,如水下采油树、水下管汇等之间的连接。管线与水下生产设施之间一般通过跨接管连接,故狭义上说,PLET主要用于管线与跨接管之间的连接。PLET常见使用形式为,一端连接管线,另一端通过跨接管连接到管汇或采油树。

根据流体管线接头连接方式划分,PLET分为有潜连接PLET和无潜连接PLET。有潜连接PLET的管线接头通常为潜水员可操作法兰,应用于潜水员可操作的浅水区域;无潜连接PLET的管线接头采用ROV操作的快速接头,无作业水深限制。与有潜连接PLET相比,无潜连接PLET没有水深限制而且更安全,但采用了昂贵的快速接头,使其造价不菲,通常用于深水区域。

对于无潜连接PLET,根据其快速接头的连接方向不同,可分为垂直连接的PLET和水平连接的PLET。根据安装方式划分,PLET可分为吊装安装的PLET和铺设安装的PLET两种。吊装安装的PLET先将PLET采用吊装的方式安放到海底,再将海管与PLET连接,通常用于PLET尺寸或者重量较大的情况下;铺设安装的PLET随海管一起采用"S-Lay"或"J-Lay"的铺沿方式进行安装。与吊装安装的PLET相比,铺设安装的PLET既可以节约一对水下接头的费用,又可以减少海上连接的时间,但提高了PLET设计和安装的难度。图12-1为PLET实物图。

图12-1 PLET实物图

(1) PLET 结构。

PLET 由主体结构、Hub 平台、Hub、压力帽、Yoke、钩子、翼板组成，翼板又分为上部翼板和下部翼板。其结构设计所遵循的主要标准为 API RP 2A[21] 和 ISO 13628-1。

(2) PLET 建造的要求和满足建造要求的措施。

PLET 作为海底管线系统的一部分，其结构中既有流体管线及管件，又有为管线和管件做支撑的结构，综合体现了海管和海洋工程钢结构的特点，因此其建造过程要满足海管和钢结构两方面的要求。

① PLET 建造要求。

Ⅰ 建造误差的要求。

PLET 作为一种水下生产设施，其结构及管线的尺寸和角度的建造误差应满足结构及管线建造误差的要求。对于通过作业线安装的 PLET，由于作业线尺寸的限制，更要严格控制建造误差。对于 ROV 操作的设备(如连接器、阀门等)的位置和角度的误差，应重点控制。API RP 2A 规范[21] 以及 AISC 360 标准中[22]，对海洋工程钢结构建造的尺寸误差进行了要求。对于管线及重点控制的尺寸误差，通常参考 ISO 2768-1 标准。对于 PLET 中构件的角度误差，尚没有规范可供参考，应按照设计人员的要求进行控制。

Ⅱ 管线承压能力和通径的要求。

作为海底管线的一部分，PLET 的流体管线应满足流体输送的压力需求和清管的需要。由于不能预知在实际生产过程中管线要承受的最高压力，故对管线承压能力的要求通常以相关规范中的水压试验的压力为标准。DNV-OS-F101 规范中[23]对管线的水压试验压力和试验时间有相应的规定，同时规定了管线通径时通径板的尺寸要求，此要求同样适用于 PLET 的承压管线。

Ⅲ 防腐的要求。

保证 PLET 在整个服役周期内都能得到充分的保护，通常采取使用 PLET 涂防腐涂层和牺牲阳极并用的防腐措施。对防腐涂层的要求主要体现在干膜厚度和涂层附着力，在相关规范中均有明确的要求。对 PLET 阴极保护的要求可参考 DNV-RP-B401 标准[24]。

② 满足建造要求的措施。

相对于常规的水上生产设施，PLET 的建造有更多、更严格的要求，在建造中应采取相应的措施，使 PLET 建造完毕后满足这些要求。

对于 PLET 尺寸和角度误差，应从建造前、建造中和建造后全过程进行控制。建造时的基准面应满足平整度的要求，在材料准备阶段根据 AISC 360[22] 标准和 AWS D1.1 焊接规范[25] 严格控制杆件的尺寸。在焊接程序和实际情况允许的范围内尽量选择小的焊接电流，采用合理的装配和焊接顺序控制焊接变形量。对尺寸要求严格的部件可以采取刚性约束措施控制焊接变形,但焊接完工后要根据焊接程序进行焊后热处理,消除焊接应力。编制施工计划时,应选择合理的尺寸和角度控制点,在装配过程中适时采用高精度测量方法对基准面和关键尺寸及角度进行测量,出现问题及时调整。建造完毕后,应依据建造误差要求对 PLET 的相关尺寸进行测量,对于不满足要求的部分应进行返工修理。

管线的承压能力和通径的要求实际上就是对管材和焊接质量的要求。为满足上述要求:要严格控制管材的质量,保证管材无结构缺陷,且材质、直径、壁厚和圆度均满足材料规格书要求;在焊接时要严格按照焊接程序进行施工,保证管线及管件的焊缝满足无损探伤和背部余高的要求;在管线焊接完毕后,依照相关规范,通过水压试验和通球(或通径)试验,对管线承压能力和通径要求进行验证。

对于防腐涂层,应严格按照防腐涂料的要求,在涂装前对待涂表面进行处理,在涂装过程中对环境的温度和湿度进行控制,并严格控制涂层厚度。对于采用牺牲阳极防腐且存在机械构件的情况,应在 PLET 主体和构件组装完成后,测量 PLET 主结构和其他构件之间的电阻。如果电阻大于允许值,可采用跨接导线将主体和构件之间连接起来,保证两者之间的电连续性。

(3) PLET 安装的要求和满足安装要求的措施。

① PLET 安装要求。

在标准和规范中,并没有明确对 PLET 安装的要求。设计中对 PLET 安装的要求主要体现在对安装位置和角度误差的要求上。对 PLET 安装位置和角度误差的要求,主要是依据跨接管及其接头上的应力对跨接管长度的敏感性,并考虑 PLET 海上安装所能达到的安装精度的实际情况提出的。通常情况下,对 PLET 安装的位置和角度误差的要求如表 12-1 所示。

表 12-1　管汇管道载荷工况

目标区域	艏向误差/(°)	横倾误差/(°)	纵倾误差/(°)
3m×3m	±5	±5	±5

此外,在海管的焊接和铺设时,海管上会产生沿海管轴向的扭矩,PLET 在水中受到波浪和海流的作用也会产生沿海管轴向的扭矩。在上述扭矩的作用下,PLET 存在在水中翻转的风险,可能导致安装失败,应注意防范。

② 满足安装要求的措施。

由于 PELT 安装精度较高,安装时应采用有动力定位功能的船舶,并且在安装前,采用高精度的定位设施对 PLET 安装的精确位置和目标区域进行标识。对于吊装安装的 PLET,可以直接采用移船和 ROV 辅助的方式将 PLET 调整到目标区域内,然后直接将 PLET 安放到海底。对于与海管一起安装的 PLET,应在起始锚进行拉力试验后,根据 PLET 的安装位置调整起始缆的长度,再进行起始端的 PLET 的安装；对于终止端的 PLET，在终止铺设之前，应精确计算距离铺设完成所需剩余管线的长度，根据计算调整最后一根海管的长度。通过以上操作，保证两个 PLET 都可以准确地落在目标区域内。海底的地形对 PLET 的倾斜角度有直接影响，当海底的倾斜角度过大时，应进行表层土壤处理。对于 PLET 着泥后出现 PLET 倾斜角度超出允许范围的情况，可以采用局部加压块或使用 ROV 携带的水泵对局部土壤进行冲刷的方法，对 PLET 进行调平。在 PLET 安装结束后，对 PLET 安装的实际位置和角度进行测量，检查 PLET 安装精度。

为防止 PLET 在安装过程中翻转，应消除作用于 PLET 上的扭矩。PLET 安装时，对于海管自身产生的扭矩，可在终止端 PLET 焊接前进行一次临时弃管，释放掉海管上的弯矩和应力；对于波浪和海流的影响，应在 PLET 倾斜时为 PLET 提供扶正力矩，此扶正力矩在 PLET 通过飞溅区时可由吊机提供，在通过飞溅区后可选择浮力大小合适的浮筒提供[26-28]。

2）PLEM

由于海底油气开采的地理位置离现有的水下结构越来越远，所以优先考虑利用海底接头与现有深海管道提供备用的输送能力，这就需要结合管线终端 PLEM 在管道两端搭载连接系统。图 12-2 为 PLEM 实物图。在管道起始部位的 PLEM 称为始端 PLEM，而安装在管道终止位置的 PLEM 称为终端 PLEM。终端 PLEM 装有扼套，可绕管道中心线 PLEM 的重心转动。PLEM 的作用是将安装结构与海底组件相连，并将其吊装在设计位置。PLEM 不仅能在吊装时承受安装载荷，而且当失效发生时能够保证结构可以恢复。

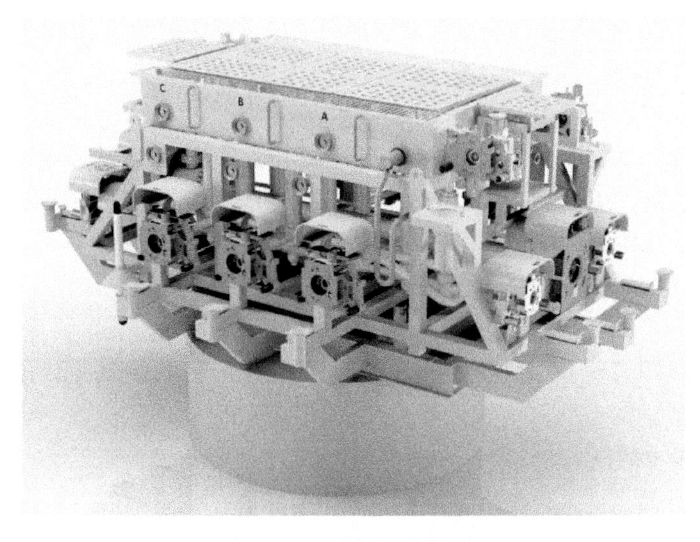

图 12-2　PLEM 实物图

PLEM的安装与管道安装类似，但无论哪种安装方法，PLEM的安装都是在管道连接与缆绳的联合作用下实现的。对于始端PLEM安装，由于其涉及管道的铺设，所以需要根据不同类型的铺管船（S型铺管与J型铺管）对PLEM的安装分别进行分析，相关计算较为复杂。为便于计算，对PLEM的安装通常做出如下假设：

① 在整个安装过程中，不考虑缆绳和管道的轴向变形；

② 在安装过程中视PLEM为刚性结构，即其不会发生变形；

③ 缆绳与PLEM受风的作用忽略不计；

④ 不计算运动补偿作用。

对于PLEM安装的每个相关阶段，一般都必须进行以下方面的分析：

① 缆绳最大(小)张力；

② PLEM所受最大载荷；

③ 管道最小弯曲半径；

④ 管道最大(小)张力；

⑤ 管道最大弯矩。

如果是末端PLEM安装，还需要计算绞车缆绳排放纵向、横向误差。

(1) 始端PLEM安装过程。

始端PLEM就是铺管起始点的终端装置，由于安装后需要继续进行铺管作业，所以PLEM一般设计为防沉板被水平牵拉固定，主结构部分可绕防沉板支架进行转动，从而在铺管过程中，随管道铺设，主结构逐渐转动，直至接触防沉板。根据主要安装过程，始端PLEM安装分为水面上吊运与下放阶段、PLEM淹没阶段、落地阶段三个阶段。

(2) 终端PLEM安装过程。

终端PLEM就是铺管终点的终端装置，通常情况下终端PLEM在收放(A&R)接头和钢绳的作用下完成安装，一般设计为防沉板被管道固定，主结构部分可绕防沉板支架进行转动。终端PLEM安装根据主要安装过程可分为：船上倒置与吊运、水面上与管道焊接后下放、下放、落地四个阶段[29,30]。

从功能要求来看，PLET和PLEM作为海管的终端设施，主要为其他水下生产设施连接到海管提供支撑，而普通水下管汇用来汇集各个井口的生产流体。PLET和PLEM的主要区别在于接头规模，PLET通常只有1～2个接头，PLEM通常有3个以上的接头。

3) 在线三通

ILT位于海管中间，为从海管中部接入外部管线而设置，图12-3为ILT实物图。

图 12-3　ILT 实物图

13　水下管汇的功能和组成

水下管汇是用于汇集生产流体，分配、控制及监控流体流动的水下设施，常集成各类工艺管道、液压管道和药剂管道，并包含水下球阀、闸阀、药剂阀等开关设备以及控制系统设备、连接设备等，承压和功能部件通过外部结构框架进行保护，底部通过吸力锚、防沉板等基础进行支撑。图 13-1 为某项目水下管汇模型。

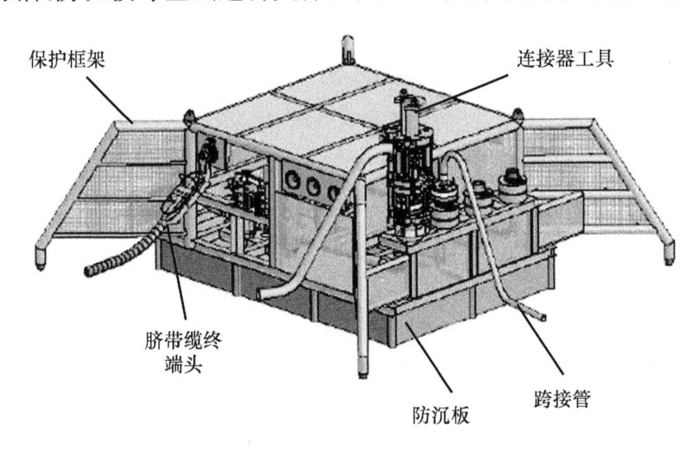

图 13-1　某项目水下管汇模型

1）水下管汇典型应用形式

(1) 丛井式管汇。

丛井式管汇是指多个井分别通过跨接管回接到海底管汇上，海底管汇再通过一条或多条海底管道回接到依托设施。通常每组管汇汇集的井数不超过 10,可用于井位相对分散的场合,此时水下管汇需通过丛井式基盘固定在海底。图 13-2 为丛井式管汇示意图。

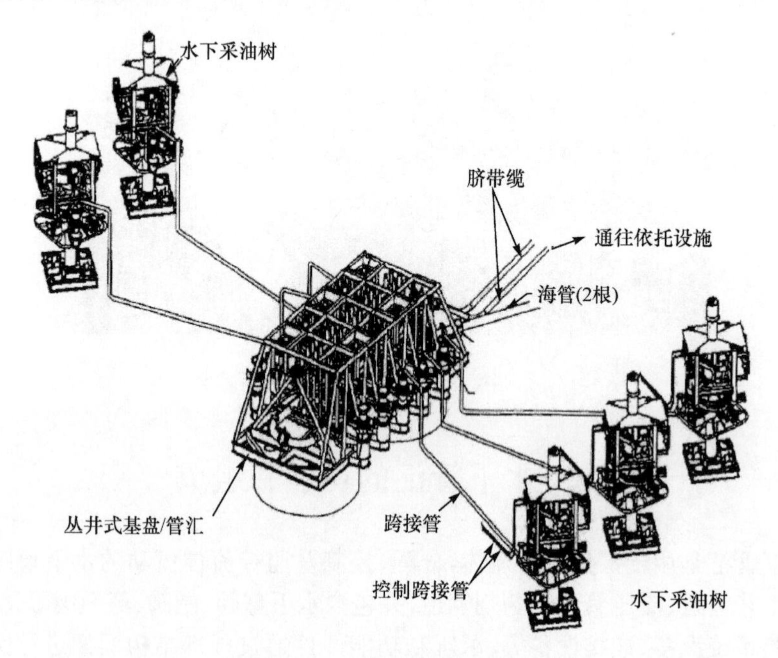

图 13-2　丛井式管汇示意图

丛井式管汇的主要特点如下:

① 适用于同时进行钻井和生产作业的场合,节省钻井时间,同时可优化生产井布置;

② 需进行生产跨接管和控制跨接管的预制和安装;

③ 每个井口设施和管汇需要考虑独立的保护结构。

(2) 集中式管汇。

集中式管汇是指多口井共用一个基盘和管汇,即井口装置和管汇安装在同一基盘上。图 13-3 为集中式管汇示意图。集中式管汇的结构形式与丛井式管汇类似,单个集中式管汇一般适用于井数不超过 10、井位相对集中的场合,此时管汇设计需考虑额外的机械误差。

集中式管汇的主要特点如下:

① 每个采油树分支管与管汇直接相连,水下控制脐带缆终端也可集成在管汇上,不需要单独生产、控制跨接管,同时对管汇制造精度要求也非常高;

② 各个井口设施和管汇可使用一个整体式保护结构,此时应允许每个设备单独维修和更换。

图 13-3　集中式管汇示意图

大型集中式管汇系统是集中式管汇的扩展形式，通常用于井位比较多且集中的大型油气藏开发，此时多口井仍共用一个基盘和管汇，各个井之间一般采用刚性/挠性跨接管连接，常常需要专门的水下跨接管预制、安装设备。这种形式也可以通过多个集中式管汇串、并联形式实现。选择这种形式时需综合评价安装、运行期间的风险。

2）水下管汇的功能

水下管汇是由集油管头、分支管道和阀组组成的用来汇集和分配生产液，并向井口注水、气、化学药剂的水下设备。图 13-4 为水下管汇典型工艺流程示意图。水下管汇应具备以下部分或全部功能：

（1）汇集生产液，是指汇集各个油气井/油气田采出的生产流体，然后通过海底管道回接到依托设施。

（2）分配水下油气田所需的化学药剂。通常化学药剂分配单元集成在管汇上，此时水下的化学药剂将通过化学药剂管分输到各个注入口。

（3）对有注采要求的水下油气田实现水下注水、注气分配。所注水、注气的分配也可通过管汇和注水/气嘴实现。

（4）进行水下控制系统液压液分配、信号传输。通常水下控制系统分配单元可集成在管汇上，此时液压液将通过液压管输送到所需要控制的阀门，各个监测信号需要通过水下控制分配单元传输。

（5）通过安装在管汇结构上的清管隔离阀、三通和清管器检测仪器，简化海底管道的清管作业。

(6) 在与海底生产管道连接处为海底管道连接器提供结构支撑。

(7) 为安装输送管道、油嘴、清管球发送器、清管球接收器和其他部件提供ROV或安装工具接口。

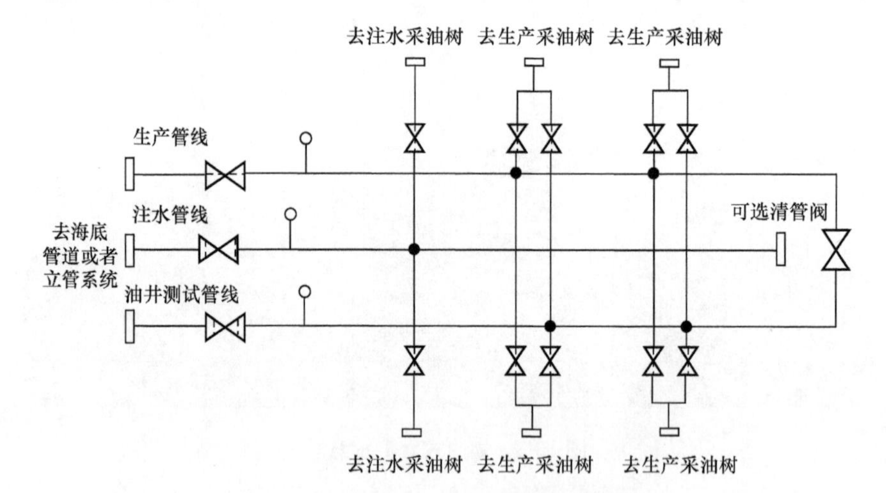

图 13-4　水下管汇典型工艺流程示意图

3) 水下管汇的组成

图 13-5 为水下管汇主要组成单元示意图。水下管汇包括以下部分或全部模块。

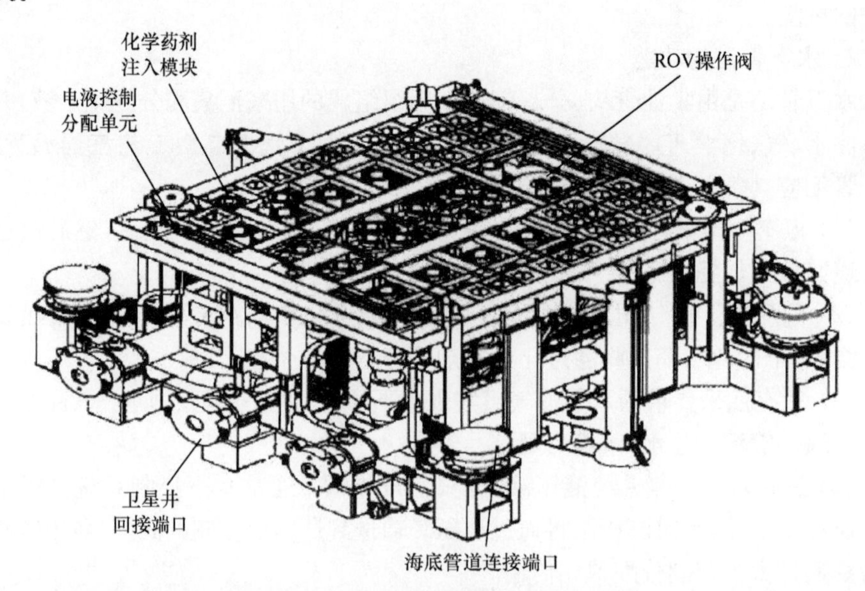

图 13-5　水下管汇主要组成单元示意图

(1) 海底生产、注水/气管道接口,其设计应便于连接或者解脱。

(2) 水下电液控制分配系统,包括水下电子模块、液压液分配单元。

(3) 水下液压储能装置,提供液压储能以防止回压波动,当液压泵出故障时,储能器至少维持 24h 正常工作。

(4) 水下化学药剂分配单元。

(5) ROV 操作阀组和作业通道,用于配置 ROV 作业阀组和控制模块,其旁设置 ROV 作业轨道以便 ROV 从作业船释放下来能沿此轨道到达工作位置。

所有或部分管汇是可回收的,可与基盘同时安装,如有需要,也可单独安装。

与平台用管汇稍有不同的是,水下管汇的接口需要配备合适的接口对中及连接辅助设施、阀门等相关设施,同时需预留 ROV/潜水员作业通道和作业空间[31]。

14　水下管汇管道设计的常用规范

水下管汇管道设计的常用规范有 ASME B31.4、ASME B31.8、ASME B31.3(针对液压管道)、API RP 1111、DNV OS F101、DNV RP F105 等[32-36]。水下管汇管道通常是结合两个或多个规范进行综合设计。管汇设计时常需要考虑管道内压、温度、外部静水压力、波流载荷、跨接管载荷、地震载荷、安装运输载荷、落物冲击、渔网拖挂载荷、ROV 撞击载荷等,主要包括管汇管道计算和结构计算。表 14-1 为典型的管汇管道计算工况表。

表 14-1　典型的管汇管道计算工况表

工况	描述	载荷参数	载荷类型	设计标准
1	重力工况	管道自重	操作	ASME B31.8/B31.4
2	最大设计条件 1+外部跨接管/管线载荷	最大压力+最高温度+管道自重+跨接管载荷	操作	ASME B31.8/B31.4
3	最大设计条件 1+外部跨接管/管线载荷	最大压力+最低温度+管道自重+跨接管载荷	操作	ASME B31.8/B31.4
4	水压试验	试验压力+环境温度+管道自重	偶然	ASME B31.8/B31.4
5	吊装	管道自重+工况 1 支反力	偶然	ASME B31.8/B31.4
6	海上运输	管道自重+工况 9 支反力	偶然	ASME B31.8/B31.4
7	ROV 碰撞	管道自重+ROV 载荷	偶然	ASME B31.8/B31.4

续表

工况	描述	载荷参数	载荷类型	设计标准
8	模态筛选 1	管道自重	偶然	ASME RP D101
9	模态筛选 2	最大压力＋最高温度＋管道自重	偶然	ASME RP D101
10	环境		操作	ASME B31.8/B31.4
11	地震		偶然	协商确定

15 水下设施的基础形式

水下设施的基础必须有足够的强度，确保从水下设施载荷经由基础传输至海床时，基础结构不会过度变形。此外，基础必须对要求的载荷有足够的垂直和水平承载力。水下设施的基础应内置导向机构，以便在安装对接时，其在基础上能够正确定向。水下设施的基础可独立安装，也可一起安装。

常用的水下设施基础类型有：浅扩展基础，即固定在海床表面的基础；深桩基，即伸入海床的基础。对于管线终端、PLEM、脐带缆终端总成、综合铺管系统等水下结构，最常用的是以下常规基础：带有裙板或不带裙板的防沉板（浅）基础，如图 15-1 所示；依靠浮重或加压吸力安装的吸力桩或沉箱（深）基础，如图 15-2 所示。除了水下结构基础，还可使用吸力桩作为浮式生产储油装置、筒状平台等浮式结构用的桩基，如图 15-3[37]所示。

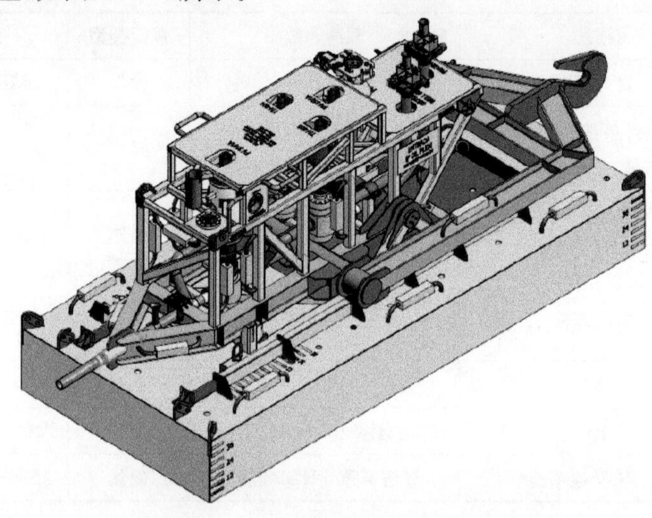

图 15-1 采用防沉板基础的 PLET

图 15-2　水下吸力锚基础

图 15-3　水下桩基础

1）水下生产设施基础的比较

（1）打入桩是应用最为广泛的固定方式，首先应用在建筑行业，具有悠久的历史，在海洋石油工业开始之前就已经成熟，所以成为海洋石油工业中应用最早、最多的固定方式。打入桩具有很强的承载能力，尤其可以承受较大的横向力，还具有抗拔能力，可以用于各种受力工况和地质条件。

(2) 吸力桩是20世纪40年代提出来的。1980年在北海安装的12个吸力桩是其首次商业应用。1992年,北海的Snorre A张力腿平台建成,使用吸力锚进行锚固,标志着吸力基础技术的成熟。吸力桩具有定位准确、回收简单、可以重复利用、对重型安装设备没有过多依赖、可以承受较大的横向力和扭转力矩、安装时间短等优点,因而得到越来越多的应用。

(3) 防沉板具有费用低廉、安装简单的特点,适用于仅有垂直载荷或水平载荷很小的情况。通过增加裙板,可以提高防沉板承受水平载荷的能力,但是不能承受较大的水平载荷。

表15-1对以上三种基础的承载能力、安装性能、适用条件和费用进行了对比[38]。

表 15-1 常见基础对比

比较项目	打入桩	吸力桩	防沉板
承载能力	垂向承载能力很强; 水平承载能力很强; 可承载倾覆力矩; 单桩通常不能承受扭转力矩	垂向承载能力很强; 水平承载能力很强; 可承载倾覆力矩; 通过增大桩径能承受较大扭转力矩	垂向承载能力较强; 水平承载能力弱; 较小倾覆力矩; 不能承受扭转力矩
安装性能	需桩锤(重型设备)、大型安装船、重型吊装设备、辅助安装设备,安装时间长	需水下抽水泵、安装船、吊装设备,安装时间短,拆除简单,可进行重复使用	需安装船、吊装设备、安装时间最短
适用条件	适用于各种地基条件,但由于打入桩体较长,如果桩深范围内含有石头层,则不适用	适用于多种地基条件,但由于入泥主要靠桶体内部负压,如果桩深度范围内含有中密沙层或高密沙层,则可能导致安装失败	适用于海底浅层承载力较强的情况
费用	由于对重型安装船舶的依赖和较长的安装时间,打入桩的整体应用费用最高。如果一次安装多根,费用会有所降低	制造成本较高,但是其不需要大型安装船舶和重型吊装设备,安装时间短,并且可以重复使用,使其整体应用费用降低	制造成本低,安装时间短,成本低

2) 基础选择标准

水下结构使用的基础类型取决于载荷性质、结构特征和海床土壤条件。此外,安装方法也可能影响某些基础类型的可行性。选择防沉板或吸力桩作为水下结构的基础主要由载荷条件决定。在较软的海床土壤中,防沉板可能必须极大才能提供所需的载荷能力，因此根据操作和安装要求，在此种情况下不推荐使用防沉板。

为增大防沉板能力以及相对组合的垂直载荷和水平载荷的稳定性，减小外形尺寸（长度和宽度），常常给防沉板添加裙板。对于可作为水下基础的防沉板，一般需要满足以下条件：

(1) 必须支撑结构，但不会导致结构的过度直接变形或长期沉降。

(2) 只靠沉没自重贯入裙板。

(3) 上升和滑动阻力必须足够大，以克服外加力产生的垂直载荷和水平载荷。

但是，当水平载荷较大，尺寸合理、带有裙板的防沉板不能提供所需的阻力和稳定性时，必须使用吸力桩。吸力桩最适合提供较大的水平与垂直合成载荷能力。

3) 基础设计要求

推荐使用 ISO 和 API RP 2A 指南作为岩土设计要求，具体如下：

(1) 考虑基础的几何形状进行优化。

(2) 考虑基础内部土壤隆起的影响以及外部冲刷的影响。

(3) 上升和滑动阻力应足够大，以便按照项目要求克服外加力产生的垂直载荷和水平载荷。

(4) 评价基座因土壤液化造成的损失，或评价因可能的海床地震运动产生的过大位移和/或边坡破坏。

(5) 有些具体因素可对外部或内部土钢界面的摩擦阻力产生不利影响，应避免这些因素，例如：腐蚀防护不推荐使用任何涂料，应只使用牺牲阳极的方法；尽量减小内部加强杆的尺寸和数量；沿内部裙板壁，（必要时）只允许裙板壁厚变化。

16　海底管道的“屈曲”“压溃”“扩展屈曲”的概念及区别

海底管道屈曲（buckling）可以定义为：受一定载荷作用的结构处于稳定的平衡状态，当载荷达到某一值时，若增加一微小增量，则结构的平衡位形发生很大变化，结构由原平衡状态经过不稳定的平衡状态而达到一个新的稳定的平衡状态，如图 16-1 所示。屈曲可分为弹性屈曲和塑性屈曲。一般所说的屈曲为弹性屈曲，压溃（collapse）为塑性屈曲。扩展屈曲（propagation buckling）是指屈曲在外部压力下能够自行沿管道进行扩展。

1) 海底管道的屈曲

海底管道的屈曲多数是弯曲和外部超静水压共同作用的结果[39]。海底管道在铺设过程中发生的屈曲一般可分为两类：干式屈曲和湿式屈曲。干式屈曲是指管体只发生局部变形，内部并没有进水。而湿式屈曲是指管体在变形处已发生破

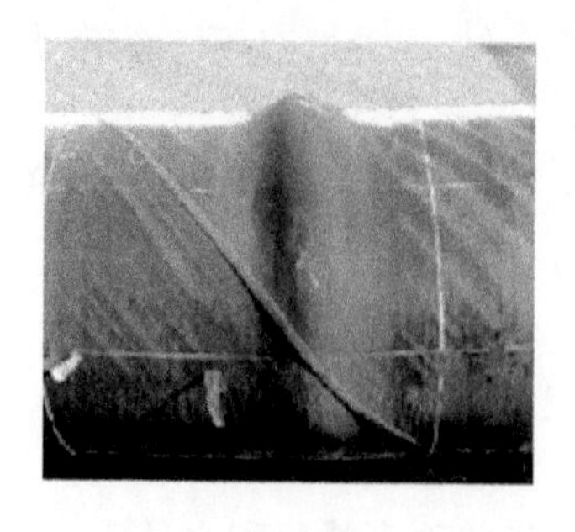
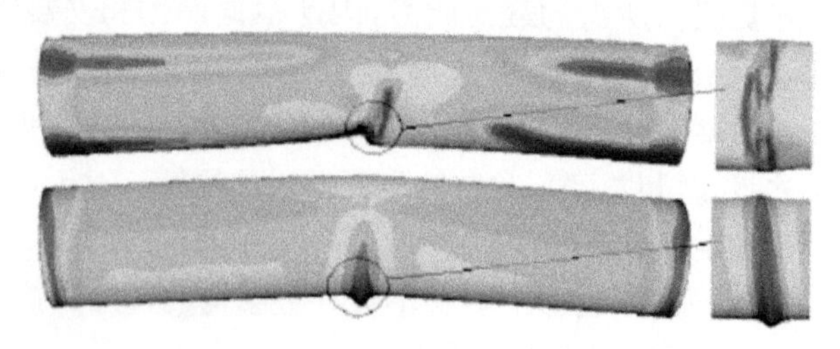

图 16-1 管道屈曲

损，使得海水注入管内。

(1) 干式屈曲的修复。

当海底管道铺设过程中出现干式屈曲时，处理步骤可简要描述如下：

① 确定屈曲的范围和程度，评估是否可将屈曲部分回收至铺管船作业线；

② 如果管道的屈曲部分可以回收至作业线，那么指挥铺管船向后移船，同时切割已铺设海管，直至屈曲部分到达作业线第一站，然后切除屈曲部分，恢复海管的正常铺设；

③ 如果管道的屈曲部分不可回收至作业线，那么在海管端部焊接弃管封头并将海管弃至海底，然后按照湿式屈曲修复方案进行处理。

(2) 湿式屈曲的修复。

当海底管道铺设过程中出现湿式屈曲时，可按照如下步骤进行修复：

① 在管端焊接弃管封头，并将海管弃至海底；

② 由 ROV 确定屈曲的位置及长度；

③ 下放海管提升设备(pipe lift frame，PLF)，提升海管；

④ 下放海管切割设备(cutting tool)，切除海管屈曲部分；

⑤ 下放海管回收设备(pipe recovery tool，PRT，具备收球功能)，并与管端连接；

⑥ 从海管起始端发排水球，将管内海水排出(海管起始端——PRT)；

⑦ 连接铺管船 A&R 绞车钢缆与 PRT，将海管回收至作业线；

⑧ 移除管端的 PRT，处理坡口，恢复海管的正常铺设。

2) 海底管道的压溃

海底管道的压溃失效主要受两方面因素的影响：一方面是初始结构缺陷对管道稳定性影响十分敏感；另一方面是深水环境中复杂的载荷条件。管道从生产制造到在役运营过程中存在各种随机因素而造成实际稳定性承载力的不确定性，直接影响管道的安全可靠性。其中，结构随机因素包括钢材屈服极限、管道加工厚度误差、制造或安装引起的椭圆度缺陷等；载荷随机因素包括安装或环境载荷引起的轴向力、不同水深的静水压力等[40]。

众多学者对海底管道压溃影响因素进行了研究，具有如下结论：

(1) 管道压溃载荷随管道径厚比的增大而显著降低。

(2) 单个点状凹坑缺陷占整根管件外表面积比例很小，对管件压溃载荷影响也很小。

(3) 局部较浅的管外壁损伤不会影响海底管道的整体运行，但当管道表面大面积腐蚀和损伤时，应该及时进行管道检修。

(4) 初始椭圆度缺陷对在役管道的可靠性影响显著，设计中需要慎重考虑各种因意外造成的管线磕碰事故及其影响。

(5) 管道制造的壁厚精度对整个管线的承载能力及其安全可靠性影响较大，个别不合格管段的投入使用或整体腐蚀严重的情况都会带来较大的安全隐患，造成局部管段压溃及整体管线的屈曲传播失效，因此海底管道安装和在役期间需要特别注重相关数据的检测。

3) 海底管道的扩展屈曲

目前国外开展的多是小尺寸扩展屈曲试验和止屈试验，试验管件模型长度为管直径的 30～50 倍。这些试验证明：扩展屈曲压力要远小于管道局部屈曲压力，一般只有管道局部屈曲压力的 15%～33%。

17　水下隔离阀系统

水下隔离阀(sub sea isolation valve，SSIV)系统，是为了依托设施的安全而在水下设置的紧急关断设备，其带有高可靠性的控制系统和阀门执行器，如图 17-1 所示。

1) SSIV 设计

SSIV 设计基于以下两个原则：一是要保证平台的安全，在设计上要突出阀体的安全可靠性；二是 SSIV 维护不方便，在设计上要求终身免维护。作为水下关断阀，SSIV 只有在平台发生火灾时才关闭，所以阀门力矩计算的系数应选取两倍的力矩值。SSIV 是采用直接液压驱动失败安全型设计，即失去液压时阀门自动关闭，阀位状态信号由安装在执行机构上的限位开关经过电缆传递到平台中控室，也可用 ROV 操作机械机构直接开关阀门。

阀体类型一般有分体式、全焊接和顶装式，其优缺点对比情况如表 17-1 所示。由表 17-1 可以看出，顶装式阀门泄漏点较少，保持了阀体整体性，同时具有可拆卸的灵活性。

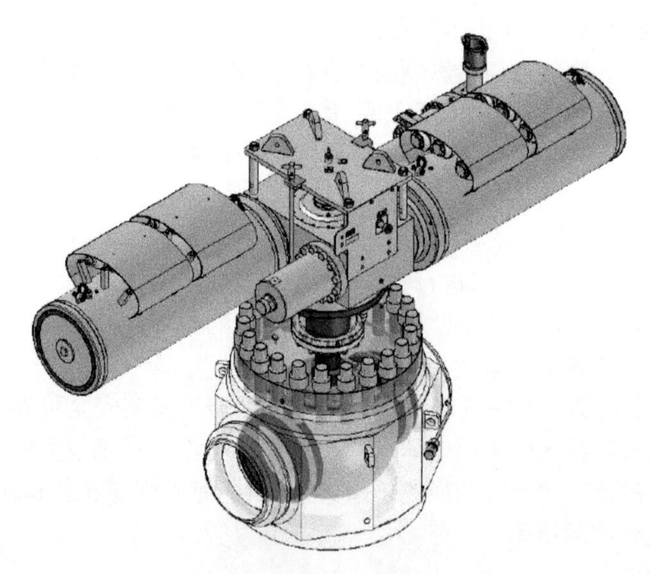

图 17-1　水下隔离阀

表 17-1　不同类型阀体优缺点比较表

类型	优点	缺点
分体式	价格低	密封面多，拆装不便
全焊接	重量轻，泄漏点最少	故障无法维修
顶装式	泄漏点较分体式少，阀芯可拆卸维修	体积、重量较分体式大，费用较分体式高

2) SSIV 效益评估系统

海洋立管和海底管道作为水下产出物与外界联系的枢纽，一旦发生泄漏，就可能引起中心平台处的持续性火灾或者灾难性爆炸，SSIV 系统的设置能够实现对平台近端立管和海底管道的隔离以降低因泄漏引发的火灾爆炸后果，但设置 SSIV 的投入成本高达五千万元，是否值得设置是目前工程所面临的主要问题，国内学者通过研究，建立了一套 SSIV 设置评估流程，如图 17-2 所示。

首先，通过风险辨识分析得出可能引发平台立管与输气管道泄漏的风险事故因素。其次，查找和整理数据库内的相关数据，对特定系统危险事件发生的概率进行分析与判别。再次，针对设置 SSIV 与不设置 SSIV 两种状况建立海底管道与立管水上、水下泄漏的事故后果模型，进行平台火灾爆炸风险的后果估计，分析特定危险后果对平台、立管和海底管道造成的影响，判断火灾爆炸事故后果是否升级，并进一步得出其对平台运行造成的损失成本。最后，完成 SSIV 效益评估工作[41]。

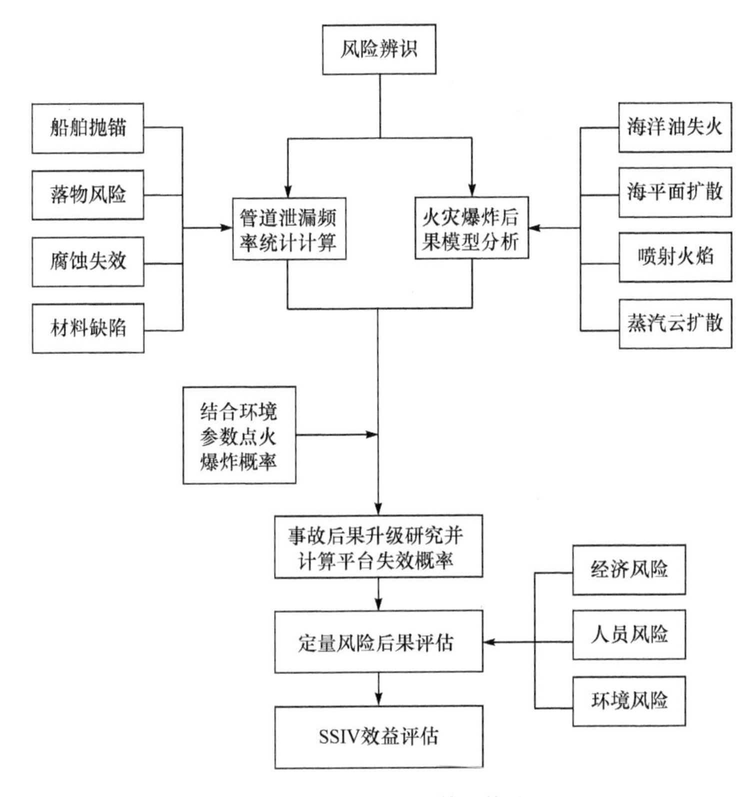

图 17-2　SSIV 效益评估系统流程

18　水下阀门与陆上阀门的主要区别

水下阀门由于所处海底的特殊环境，其与陆上阀门的区别主要有如下几方面：

(1) 可靠性高，全寿命期免维护。

(2) 测试要求较为严格。

(3) 水下潜水员或 ROV 操作，操作界面要求较为特殊。

(4) 结构设计和密封设计需要考虑外部静水压力。

(5) 材料选择需考虑海水和内部介质的腐蚀环境。

同时，水下阀门在深水环境中除了承受介质内压，还承受着巨大的静水压力，为防止介质外漏或海水进入阀体，阀体与环境至少要设置两道密封，其中金属密封作为主密封，热塑橡胶作为次级密封，外涂覆聚四氟乙烯(PTFE)的金属 O 型环作为主密封，氢化丁腈橡胶 O 型圈作为次级密封，在主密封和次级密封直径设置测试孔以便在水压试验时检查主密封的可靠性[42]。

目前水下阀门设计的国际标准有 ISO 14723、API Spes 6DSS[43,44]。而水下球阀和水下闸阀以其流体阻力小、可靠性高已经成为水下开关阀门的首选。图 18-1 为水下球阀和水下闸阀的结构示意图[45]。

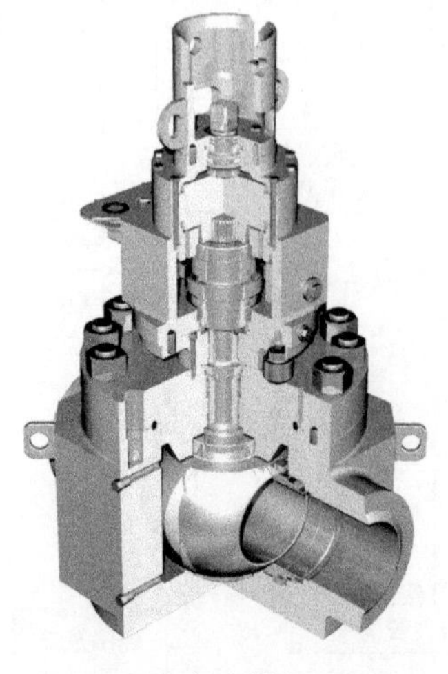
(a) 水下球阀

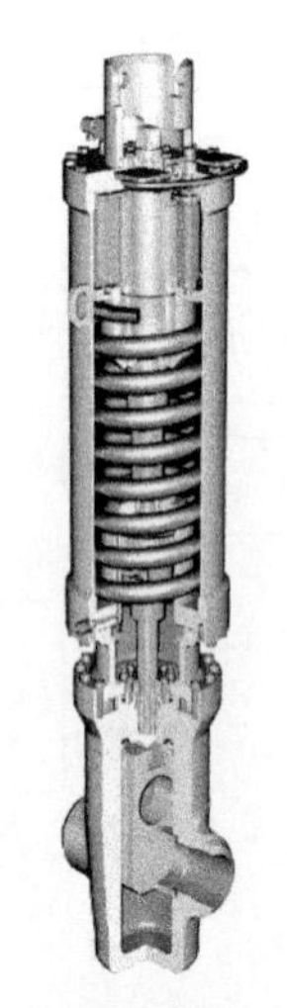
(b) 水下闸阀

图 18-1　水下球阀和水下闸阀的结构示意图

对于阀门的执行机构，水下阀门与水上阀门有着本质区别，水上阀门只需要人工＋操作工具来实现阀门的开闭；而对于水下阀门，在浅水区域，执行机构可选用齿轮箱＋手轮，由潜水员进行操作，在深水区域，由于潜水员无法到达或者费用较高，需要采用 ROV 操作或液压控制系统。此外，在功能方面，水下阀门执行机构具备冗余液压驱动、失效安全关断、ROV 应急操作和压力补偿等功能。图 18-2 为水下阀门执行机构。

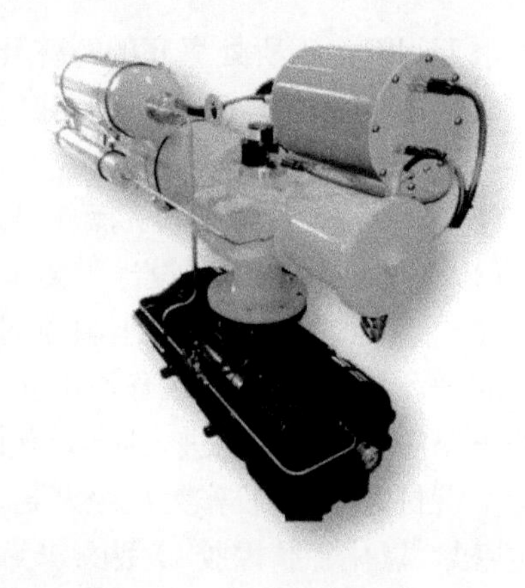

图 18-2　水下阀门执行机构

19　水下设施的安装方式

水下设施的安装方式主要有吊装安装、S-Lay 铺设安装、J-Lay 铺设安装、钻杆安装和悬垂安装。

1）吊装安装

吊装安装是通过船艉的吊机、A 架、绞车的联合作业对水下设施实施安装，这种方法对尺寸较大以及质量较重的水下设施比较实用，对吊机、绞车以及升沉补偿装置的提升能力提出了更高的要求，对船舶资源要求较为严格，可能导致安装费用增大[46]。图 19-1 为吊装安装水下管汇设施实物图。

图 19-1　吊装安装水下管汇设施实物图

2）S-Lay 铺设安装

S-Lay 是最常用的铺管方式，因其管线呈 S 形而得名。利用 S 形铺管船可以实现小尺寸水下设施的安装，采用在线安装的方法，在铺管船上将其与管道焊接，并和管道同时下放安装。水下生产设施的安装是在正常海管铺设的过程中进行的，由于设施结构物的刚度比海管的刚度大，所以其安装程序必须经过详细的模拟计算，选择适宜的气候窗。其具体安装过程分为以下 6 个步骤：

(1) 确定切管位置。

当海管铺设至距离水下设施目标区域一个悬链线的长度+300m时，在作业线上海管的相应位置喷涂标记(ROV可识别)，在随后的铺管过程中，记录标记点后管道铺设的数量，从而可以计算出标记点后实际铺设管道的长度。当标记点位置着泥时，ROV携带信标飞到标记点正上方，船上的工程师利用超短基线(USBL)方法计算出信标位置(管道标记点)与目标区域之间的准确距离。结合已经铺设海管的数量，计算出到目标区域还需铺设的准确的海管数量，确定切管位置。

(2) 将水下设施转移至张紧器前。

将水下设施由存放处转移至张紧器前，并吊起待命。一般水下设施由甲板通过舱盖进入作业副线，然后转移至主线，水下设施在滚轮上移动时，其顶部要通过电动葫芦与滑道连接，保证其在运动过程中不会左右摇摆。

(3) 水下设施通过张紧器，并转移至托管架前。

通过计算，当海管连接长度超过水下设施目标区域约3根管道时，焊接A&R转换头，连接A&R绞车，打开张紧器，进行弃管作业。弃管的目的有两个：一是释放转矩；二是确定调整管的长度。在最后几根管道上每隔0.5m做一个标记，并写上编号，当管道全部下放到防沉板内时，ROV观察距离防沉板边缘最近的标记位置和编号，船上技术人员根据这些信息计算调整管的长度；然后回收管道，张力转换至张紧器，焊接调整管至水下设施和海管，将提前准备好的4节点海管焊接至水下设施另一端。张力转换至A&R绞车，打开张紧器，水下设施平稳通过张紧器。张力转换至张紧器，继续铺管，直至水下设施到达托管架前。

(4) 水下设施组装。

这一步骤是由张紧器的尺寸决定的，某些在线安装的结构物的高度或者宽度超过张紧器的限制，必须设计为在张紧器后组装，需要注意的是，后组装的密封元件必须进行压力测试，测试不合格不允许下水。

(5) 安装浮筒，水下设施通过托管架。

水下设施到达船艉，使用吊机将浮筒转移至船艉，利用信绳(messenger wire)和钢丝绳连接水下设施和浮筒，继续铺管，吊机随铺管的速度下放浮筒，时刻保持水下设施处于竖直状态。当水下设施脱离托管架，且浮筒顶部距离水面约20m时，将吊机与浮筒间的张力调整为零，用ROV拆下卡环，使浮筒脱离吊机。

(6) 水下设施进入防沉板，并继续铺管。

水下设施入水后继续铺设海管，直到水下设施位于防沉板上部3～5m的高度，由ROV现场观察水下设施是否可以按照计算的精度放入防沉板，如果确认合格，那么增加张紧器的张紧力，继续铺管，使管汇安全下放到防沉板，然后减小张紧力至原始数值[47]。

图 19-2 为 S-Lay 铺设安装 PLET 示意图。

图 19-2　S-Lay 铺设安装 PLET 示意图

3) J-Lay 铺设安装

J-Lay 铺设系统除了具有管道铺设能力外，其本身还具备小尺寸水下设施安装与管道弃置回收的功能。

管线终端(PLET)、三通装配台(wye sled assembly，WSA)、二通装配台(in-line-sled，ILS)是海底连接系统的重要组成部分，主要用于实现管线与水下生产设施之间的连接。使用 J-Lay 铺设系统安装 PLET、WSA、ILS 是 J-Lay 铺管方式独有的功能[48]。

(1) PLET 安装。

PLET 安装过程如下：

① 调整 PLET 姿态，使用操作系统将 PLET 从水平方向调整为竖直方向；

② 启动铺管程序，将流动管线送至铺管塔工作台，安装止屈器和阳极块；

③ 对接 PLET 与管道，将 PLET 放置在管线下部，顶部端口和管线上端对齐，进行法兰连接或者焊接；

④ 下放整体结构，使用提升器或者张紧器提升 PLET，PLET 操作装置复位；

⑤ 继续启动铺管程序，继续正常的铺管程序，直到 PLET 接近海底；

⑥ 调整 PLET 的姿态，将辅助缆绳连接到 PLET 上，把 PLET 拉至水平，打

开 PLET 防沉板，将抑制线的自由端连接到 ROV 大钩，将 PLET 着陆到目标区，并进行基本的测量以确定 PLET 的位置、朝向和倾斜度，断开辅助缆绳，准备执行后续工作；

⑦ 继续启动铺管作业，直到管道铺设完成。

图 19-3 为 J-Lay 铺设安装 PLET 示意图。

图 19-3 J-Lay 铺设安装 PLET 示意图

(2) WSA(ILS)安装。

WSA(ILS)安装过程如下：

① 固定管线，将已铺设管线固定在悬挂平台(hang-off table)上；

② WSA(ILS)就位，将 WSA(ILS)通过吊机运送到 J-Lay 塔架；

③ 对接设施与管线，将 WSA(ILS)的下端与已铺设管线通过法兰或者焊接进行连接；

④ 滑移悬挂台，通过悬挂台将整体结构运送至焊接站外；

⑤ 下放整体结构，开启悬挂台，通过吊机下放整体结构一段距离，为上部待焊接管段提供足够空间；

⑥ 滑移悬挂台，关闭悬挂台，将悬挂台滑移到焊接站；

⑦ 对接设施与管线，对接 WSA(ILS)的上端与待铺管段，进行法兰或者焊接连接；

⑧ 继续管道铺设工作，直到 WSA(ILS)安装到水底，在铺设过程中配合移船和 J-Lay 塔架调节操作。

图 19-4 为 J-Lay 铺设安装 WSA(ILS)示意图。

(a) 将WSA(ILS)转移到塔内

(b) 其上下端分别于上下管段焊接

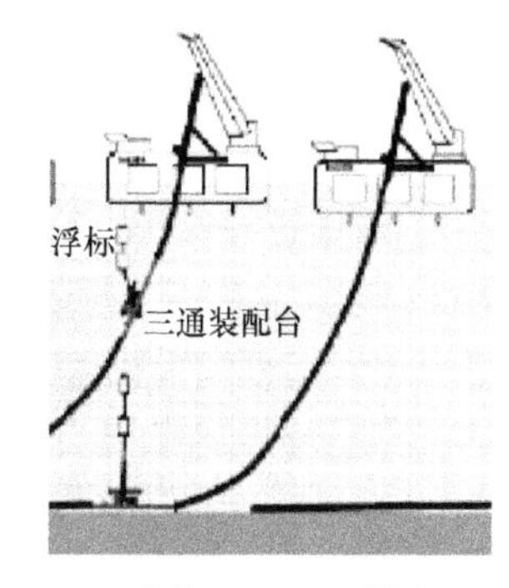

(c) 安装WSA(ILS)至海底

图 19-4　J-Lay 铺设安装 WSA(ILS)示意图

4）钻杆安装

一般先将水下设施由驳船运输并固定在钻井船月池下方，安装时用续接钻杆将水下设施下放至水中。通常能够进行深水作业的钻井船都配有动力定位装置，且钻井游吊系统配套有升沉补偿装置，具有适应水下设施安装作业的能力。相比于多功能工程船舶，钻井船资源相对较少，使用费用较高，钻具连接时间长，效率低。图 19-5 为钻杆安装水下管汇。

图 19-5　钻杆安装水下管汇

5）悬垂安装

悬垂安装是通过运输船与安装船联合作业完成的。管汇索具由缆绳连接至安装船协同作业，两艘船之间的距离约为缆绳长度的90%。管汇由运输船下放至水中，由于缆绳的连接，管汇在水中做钟摆式运动，直至平衡，再通过安装船缆绳控制管汇其余的下放，完成整个安装过程。由于绳缆采用特殊材料可以有效地阻止管汇振动，并且海水和绳缆的拉力可以有效地缓解管汇的摆动，所以该方法在深水海域具有较高的应用性。图19-6为悬垂安装水下管汇示意图。

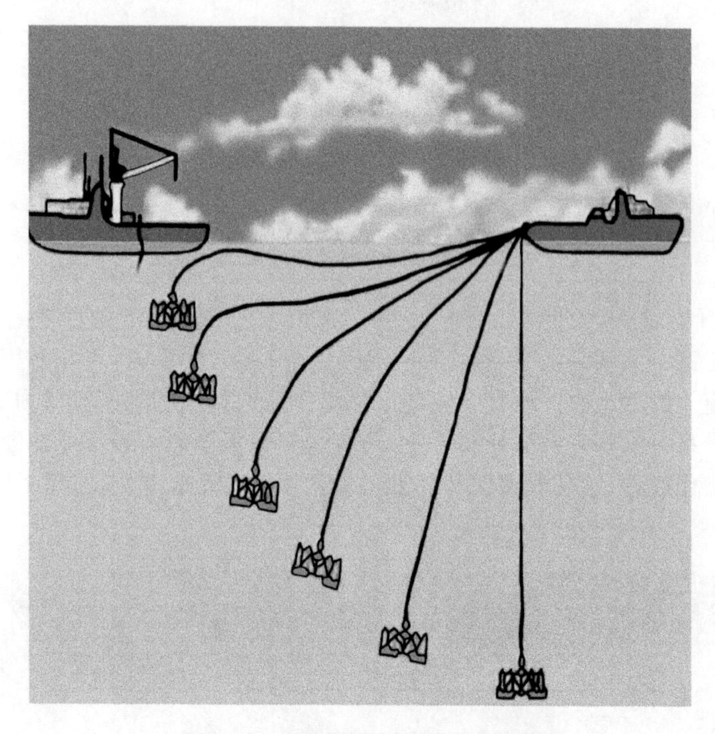

图19-6 悬垂安装水下管汇示意图

20 水下管汇在海底运行期间需要进行的操作

水下管汇在海底运行期间需要进行的主要操作如下：

1）安装操作

(1) 管汇基础安装。

(2) 管汇与管汇底座对接。

(3) 跨接管安装。

(4) 跨接脐带缆、飞头安装。

2）检查

(1) 外部损坏。

(2) 气体泄漏。

(3) 牺牲阳极(外部损坏及电位损耗)。

(4) 海生物、钙盐沉积。

(5) 总体结构稳性，意外沉降、冲刷情况。

(6) 阀门位置指示器的可视性。

(7) 跨接脐带缆、飞头完整性和连接状况。

(8) 检查作业以视觉观测为主。

3）维护

(1) 阀门开启/关闭、阀门越控。

(2) 更换密封元件。

(3) 更换跨接管。

(4) 更换跨接脐带缆、飞头。

(5) 更换水下控制模块(SCM)。

(6) 更换接口盘。

(7) 清除海生物、钙盐沉积、意外沉积物。

水下管汇可操作性设计检查示例如图20-1所示。

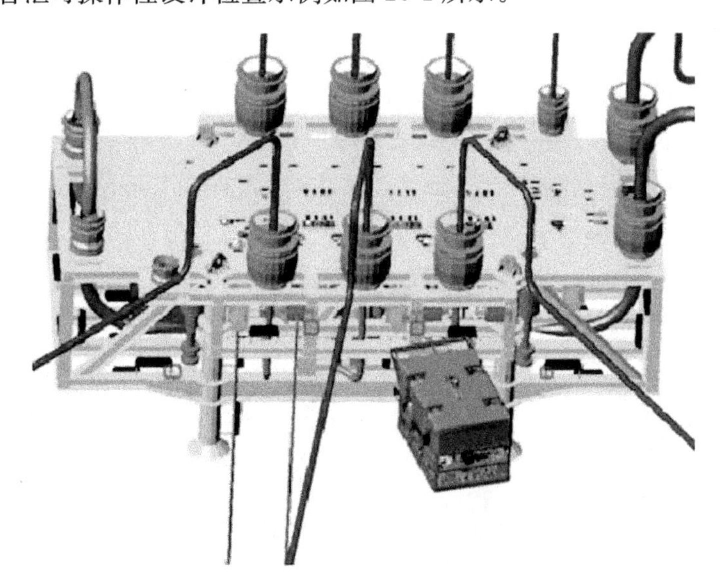

图20-1　水下管汇可操作性设计检查示例

第3部分 流动保障

21 深水油气流动保障的定义及其分析的主要目的

深水油气流动保障是一个工程分析过程，它用来保证在一个工程的生命周期中，在任何环境下都可以将油气经济地从储油层运输到终端。深水油气流动安全保障主要是利用流体物性和输送系统的热动力特性，制定系统运行操作策略，解决油气在流动过程中因水合物的产生、石蜡和沥青质的沉积、腐蚀等造成的海底管道堵塞及渗漏，它主要集中处理因油气的不稳定流动导致油品在整个生产、处理、运输过程中出现的不经济、不安全的运行工况[49,50]。

深水油气流动保障分析的主要目的是在各种环境条件下，在整个油气田开发期内，将碳氢化合物经济地开采出来并输送至处理设施。主要是对各种运行条件下的生产风险进行评估和管理，防止水合物的产生、石蜡和沥青质的沉积影响各个部件的正常工作，并将油气的流动控制在一个稳定的范围内，降低油气输送成本，确保油气生产安全、顺利地开发。

22 深水油气流动保障的主要挑战

深水油气流动保障的几个关键问题是水下流动保障、液态检测以及管道的腐蚀、结蜡、结垢、水合物生成、堵塞、泄漏检测等，主要的挑战集中在预防和控制可能堵塞流程的固体沉淀物。这些固体沉淀物包括水合物、石蜡和沥青质，有时也包括水垢和砂，如图 22-1 和图 22-2 所示。

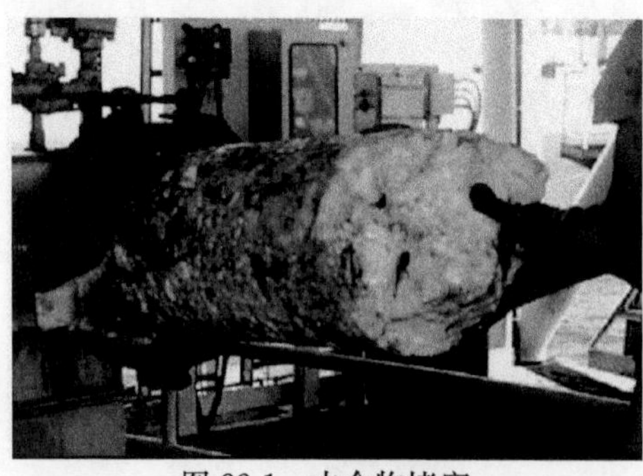

图 22-1 水合物堵塞

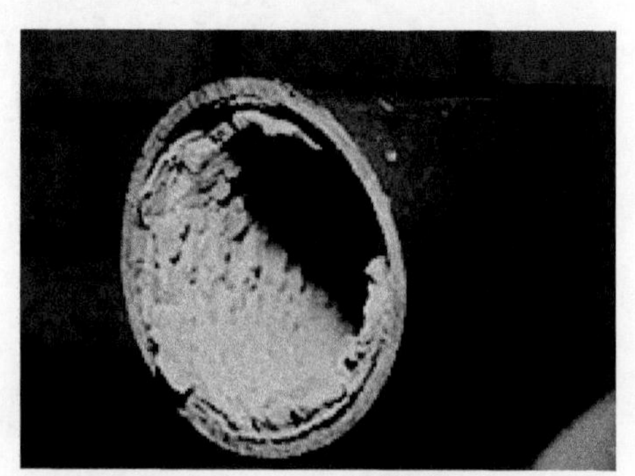

图 22-2 结垢堵塞

23　深水油气流动保障的主要工作

深水油气流动保障的主要工作如下：

(1) 流体特性和流动性质分析。

(2) 稳态的水力和热力性能分析。

(3) 瞬态的水力和热力性能分析。

(4) 针对流动保障问题的系统设计。

深水油气流动保障示意图如图 23-1 所示。

图 23-1　深水油气流动保障示意图

24　深水油气流动保障的主要设计流程

深水油气流动保障设计是一个反复迭代的过程(图 24-1)，它包括两大方面：一是流动保障的分析，包括设计基础的建立和系统水力-热力流体行为的分析；二是流动保障设计与其他界面的相互影响，包括多个技术界面，油藏工程、完井工程、海底管线机械设计、水下和控制工程、设备工程和操作人员，在流动保障设计期间这些界面都会相互产生影响，这些界面是有效的工程管理所必需的。在设计过程中，系统经济性和风险管理是要考虑的重要因素。

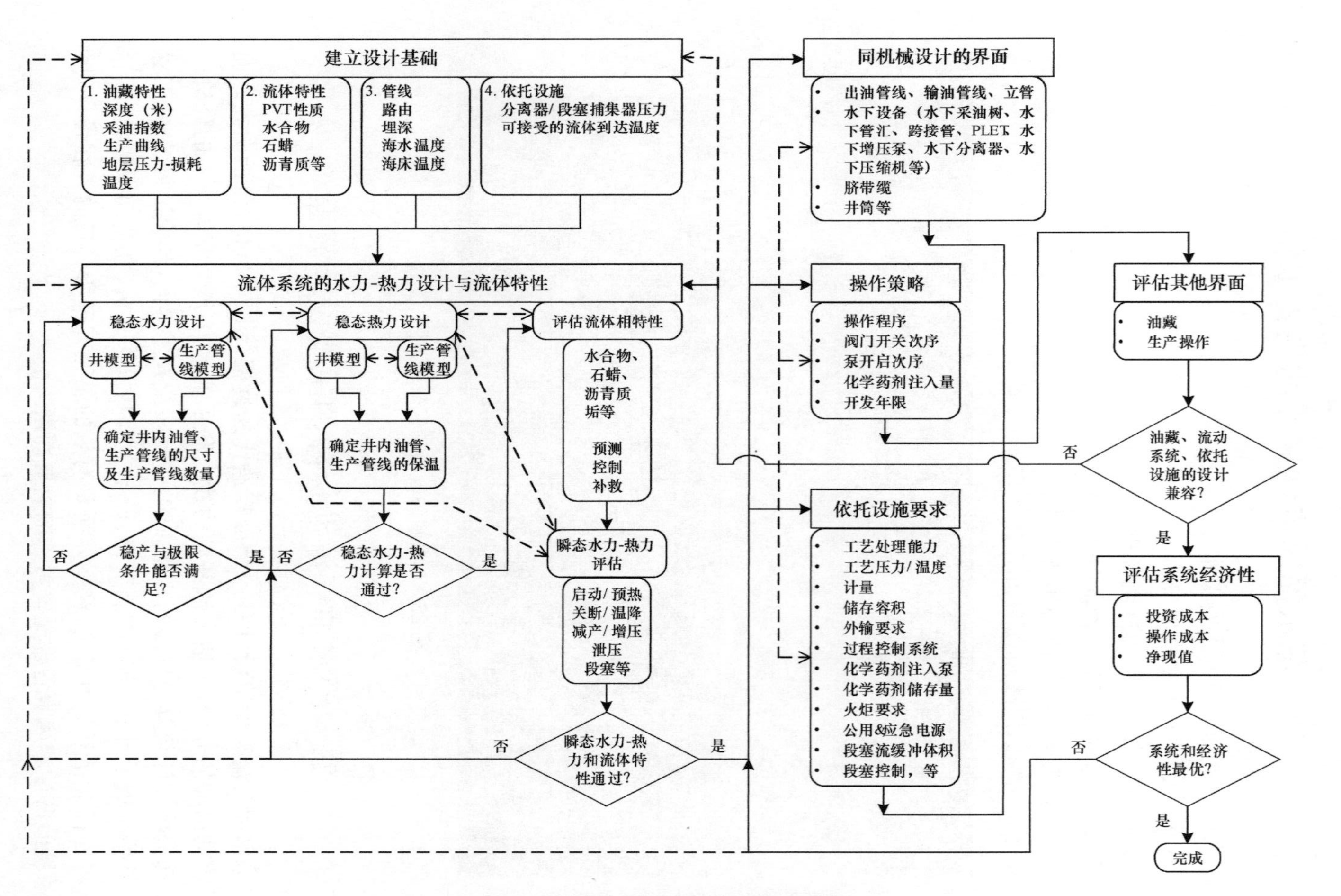

图 24-1　典型水下流动保障设计工作流程图

25　深水油气流动保障需考虑的主要因素

深水油气流动保障需要考虑的因素主要包括：水合物、石蜡、沥青质等固相的生成预测、监测、控制与清除方法，海底管道特别是深水立管段塞流的监测与控制技术，水下油气田的停输启动，清管与置换策略以及多相流腐蚀等。流动安全包络线如图 25-1 所示。

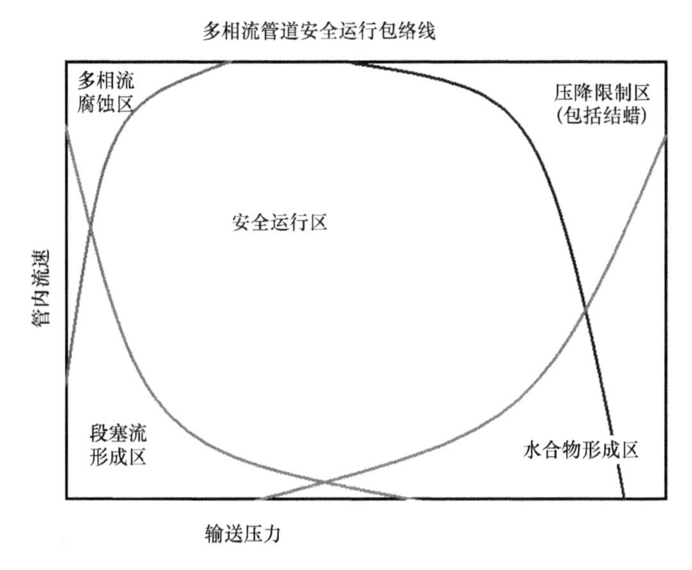

图 25-1　流动安全包络线

26　深水油气流动保障分析的主要工具软件

为了更好地对水下流动保障技术进行数值模拟，国内外多家企业开发了很多功能强大的多相流计算模拟软件[51]。

1）国外多相流计算模拟软件

在国外，常用的商用多相流计算软件主要有 OLGA、PIPESIM、Multiflash、PVTSIM、PipePhase、PIPEFLO、HYSYS、PIPESYS 等，这些软件都具有强大的多相流模拟计算功能，在工程实际中得到广泛的应用。

（1）OLGA 软件。

全动态多相流软件 OLGA 是当前世界领先的非稳态多相流模拟计算软件，除了可以模拟在油井、输油管线和油气处理设备中的油、气及水的运动状态外，还可以模拟有问题的油井和输油管线以及对正常生产过程的实时模拟控制等。随着石油工业对“流动保障”的重视，OLGA 软件被广泛应用于大型油气田、深水和边际油气田的设计和开发过程中，是海管工艺专业必备的软件之一。

OLGA 软件主要包括以下模块：基本模块（主要计算稳态和瞬态条件下混输管线的压降、温降，包括简单设备-分离器、节流阀等）、组分跟踪模块、段塞跟踪模块、三维热传导（FEMtherm）模块、石蜡模块、水合物动力学模块、复杂流体模块、腐蚀模块、高级井模块、多相泵模块、乙二醇（MEG）跟踪模块等。

(2) PIPESIM 软件。

PIPESIM 软件是针对油气生产系统的工程计算软件，是集油藏、井筒、地面集输管网于一体的模拟计算软件，主要包含以下模块：PIPESIM，单井/单管生产模拟与节点分析；PIPESIM-Net，油气田管网模拟计算分析；PIPE-GOAL，油气田/区块生产最优化设计；PIPESIM-FPT，油气田开发规划设计；HoSim，水平井及分支井模拟计算。

PIPESIM 对流体的描述分为黑油模型和组分模型。黑油模型可以对油、气、水三相，气液两相，以及单相液体进行计算模拟。组分模型可以对化学组分不同的碳氢化合物进行模拟计算。

PIPESIM 软件最大的特点是系统的集成性和开放性，它可以模拟从油藏到地面处理站的整个生产系统。

(3) Multiflash 软件。

Multiflash 软件是一款功能强大的热力学流体分析软件，它可以计算以相平衡为条件的各种组合，在任意数量、不同类型的阶段之间操作多相平衡计算，给予储液模型更多的选项和更多的功能，以最大的限度提高产量。

Multiflash 软件除了可以模拟气体、液体和固体外，还可以模拟水合物、蜡、沥青质和聚合物等。

Multiflash 软件强大的仿真、建模能力以及其他分析工具可以更有利地经营设施、环境和风险，可以优化上下游流程，最大限度地提高产量。

(4) PVTSIM 软件。

PVTSIM 软件是进行流体物性计算的专业软件，具有先进的流体物性化计算功能，并能够与多种软件接口，是一种多用途油藏压力、体积和温度（PVT）模拟软件，适用于油藏工程师、流动保障专家、实验室工程师和工艺工程师进行开发工作。目前世界各地的石油公司都在应用 PVTSIM 软件进行 PVT 仿真模拟。

PVTSIM 软件有超过 20 年的数据收集，可保证模拟软件的精度，还允许油藏工程师、流动保障专家和工艺工程师进行可靠结合，具有强大和有效的回归算法程序，以配合流体特征及流体性质的实验数据。

PVTSIM 用户界面友好，而且提供广泛的组分数据库，有如下模块：

① 流体预处理模块；

② 水合物模块；

③ 蜡沉积模块；

④ 结垢计算模块；

⑤ 沥青质计算模块。

(5) PipePhase 软件。

PipePhase 软件是由美国 SimSci 公司开发的，迄今已有 20 多年的历史，其软件产品经历时间和用户的长期考验，目前全球已有大量用户。SimSci 现在隶属于法国施耐德电气有限公司。

PipePhase 软件应用于油气管道网络系统中，是精确模拟稳态多相流的软件。对一个单井，该软件能进行主要参数的灵敏度分析；对一个完整的管网系统，它可以实现多年可行性计划研究。

PipePhase 软件是一个准确且有效的石油领域设计和规划工具，具有经验证的现代化的生产管理方法和科学的分析技术。此外，它拥有庞大的物性数据库和精确的热力学计算方法。该软件是世界领先的石油天然气生产公司的必备工具。

PipePhase 软件所提供的流体模型包括：单相流体（气体和液体）、混合组分、原油、凝析油、蒸汽、纯组分等，覆盖最全面的流动性混合系统。该软件还可以模拟单个蒸气组分或二氧化碳注入网络。

严格的多相流分析和详尽的热力学计算使得 PipePhase 软件适合于各种应用，例如：

① 油气生产和输送系统；

② 天然气传输和分配管线；

③ 化工流体管道网络；

④ 传输管线的传热分析；

⑤ 管线尺寸设计；

⑥ 节点分析；

⑦ 水合物生成分析；

⑧ 油气田的生产规划和资产管理研究；

⑨ 注蒸汽（水）网络；

⑩ 气举分析；

⑪ 公用工程网络。

PipePhase 效益表现如下：

① 提高总体产量；

② 改善油气井和流动管线的性能；

③ 改善管线和设备设计；

④ 整合油气田开发和规划；

⑤ 减少操作费用；

⑥ 减少投资费用；

⑦ 提高工程设计的效率。

(6) HYSYS软件。

HYSYS软件是世界著名油气加工模拟软件工程公司开发的大型专家系统软件。该软件分动态和稳态两大部分，主要分别用于油气田地面工程建设设计和石油石化炼油工程设计计算分析。此外，动态部分可用于指挥原油生产和储运系统的运行。

HYSYS软件在油气田地面工程建设中的应用包括：

① 各种集输流程的设计、评估及方案优化；

② 站内管网、长输管线及泵站、管道停输的温降、收发清管球及段塞流的预测；

③ 油气分离，油、气、水三相分离，油气分离器的设计计算；

④ 天然气水化物的预测；

⑤ 油气的相图绘制及预测油气的反析点、原油脱水、原油稳定装置设计、优化；

⑥ 天然气脱水(甘醇或分子筛)、脱硫装置设计、优化；

⑦ 天然气轻烃回收装置设计、优化；

⑧ 泵、压缩机的选型和计算。

HYSYS软件在石油石化炼油方面的应用包括：

① 常减压系统的设计、优化；

② 催化裂化(FCC)主分馏塔设计、优化；

③ 气体装置设计与优化；

④ 汽油稳定、石脑油分离和气提、反应精馏、变换和甲烷化反应器、酸水分离器、硫和HF酸烷基化、脱异丁烷塔等设计与优化；

⑤ 在气体处理方面，可完成胺脱硫、多级冷冻、压缩机组、脱乙烷塔和脱甲烷塔、膨胀装置、气体脱氢、水合物生成/抑制、多级、平台操作、冷冻回路、透平膨胀机优化。

(7) PIPESYS软件。

Aspen公司的PIPESYS多相流管网模拟分析软件原是加拿大专业管道软件公司NEO Technology和Hyprotech联合开发的软件，是著名的管道软件PIPEFLO的换代产品。它将技术优异的PIPEFLO和功能强大的HYSYS结合在一起，使之成为当今功能最为强大的管道软件。加拿大NEO Technology公司成立于1972年，一直从事油气和管道专业方面技术的研究及软件开发工作，其管道设计软件在世界享有盛名，于2001年归并到Aspen公司。

PIPESYS 软件主要功能如下：

① 可以模拟各种管网；

② 可以进行单相流及多相流的严格计算；

③ 可以进行压力倒推计算；

④ 通过 HYSYS 和 PIPESYS 的结合，使用户可以研究管道的流量及其他条件的变化对整个装置的影响；

⑤ 详细计算管道的压力和温度分布，管道可以是海上的或陆地上的，地形高度可以是简单的或非常复杂的；

⑥ 可以进行管线上的特殊计算，如计算清管球的段塞流长度等；

⑦ 可以预测冲蚀速度；

⑧ 对于垂直流动的管线，可以预测发生严重段塞流的可能性；

⑨ 可以进行敏感性计算，以确定某些参数对系统特性的影响；

⑩ 对于现有管线可以研究油品的组成、管线的性能和环境对处理量的影响。

2）国内多相流计算模拟软件

国内在多相流计算模拟软件上也进入了商业性阶段，中国石油大学(华东)的李玉星等编制了"油气水多相混输工艺计算软件"、"混输管网水力计算及管径优化软件"和"起伏油气水多相管路中段塞流软件"等[52,53]。这些软件的主要功能如下：

(1) 油、气、水热力学参数的确定及气液平衡分离计算。

(2) 稳态运行时管道压降、温降、沿线持液率和积液量计算。

(3) 判断管道内是否形成水合物及不形成水合物所允许的最大含水量。

(4) 正确预测管道中发生段塞流的区域，并计算段塞流特性参数。

(5) 气液混输管道的流量、管径优化设计计算。

此外，西南石油大学的刘武等成功编制了两相管流工艺计算软件 TFTCS，该软件的功能和李玉星等编制的"油气水多相混输工艺计算软件"的功能类似。该软件的主要模块有数据管理模块、无形物性参数计算模块、水合物预测模块、流型判断模块、段塞流特性研究模块和工艺计算模块等。

27 深水油气流动保障与水下生产系统之间的联系

水下流动保障是水下生产系统的一部分，它与水下生产系统是同步的。水下流动保障工程师与水下生产系统工程师在项目的各个时期经常协同工作。流动保障工程师要注意水下流动保障与水下生产系统工程的接口问题。图 27-1 为水下生产系统工程单元及其开发阶段关系图，其中 RAM 分析指可靠性分析、有效性分析和维护分析[54]。

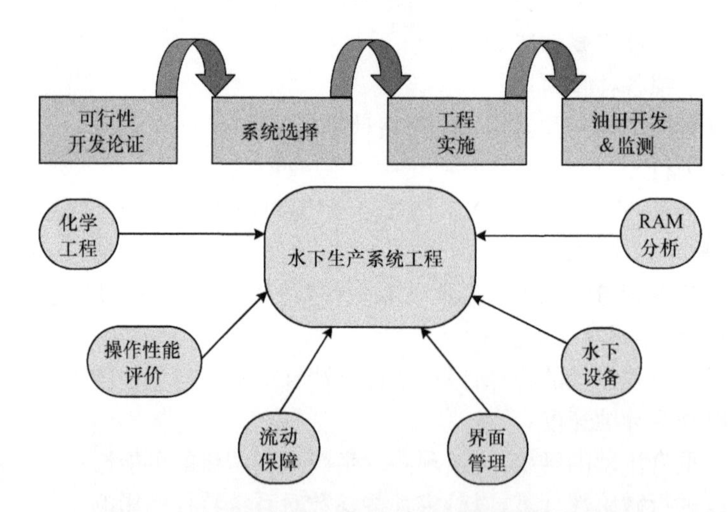

图 27-1 水下生产系统工程单元及其开发阶段关系图

图 27-2 为深水油气流动保障与水下生产系统各部分之间的关系图，图中展示了水下生产系统的各个关键设备及其关系，同时说明了深水油气流动保障与水下生产系统的关系。

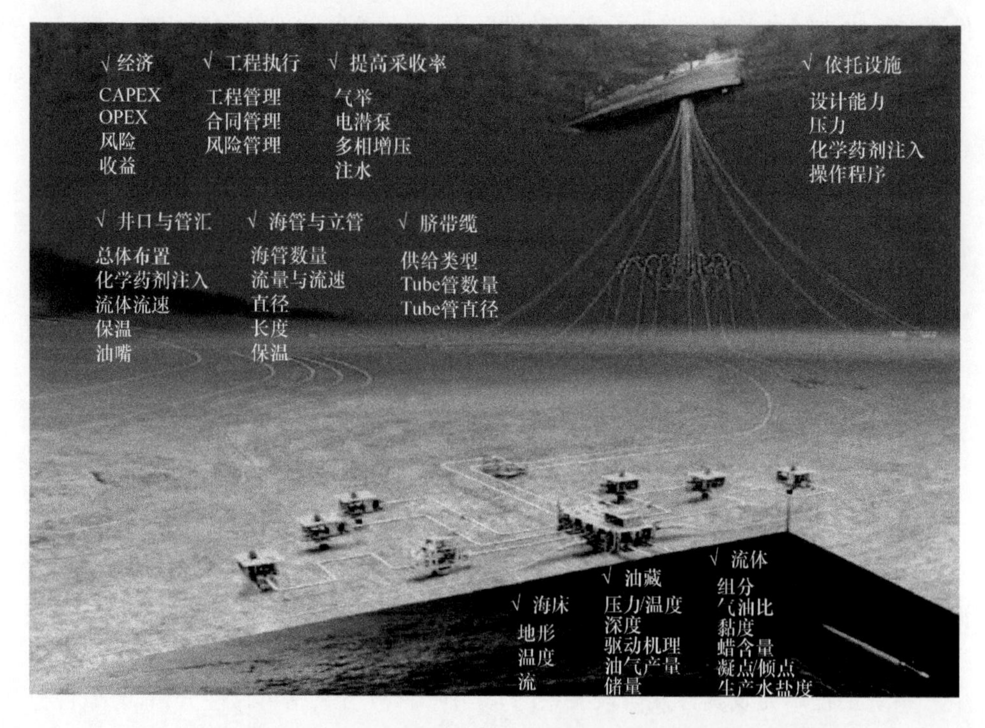

图 27-2 深水油气流动保障与水下生产系统各部分之间的关系示意图

28 水合物的形成机理和条件

水合物又称水化物，是指含有水的化合物，其范围相当广泛。其中水可以以配位键与其他部分相连，如水合金属离子，也可以以共价键与其他部分相结合，如三氯乙醛。水合物是天然气中某些组分与水分在一定温度、压力条件下形成的白色晶体，外观类似致密的冰雪，密度为0.88～0.90g/cm^3。研究表明，水合物是一种笼形晶体包络物，水分子借氢键结合形成笼形结晶，气体分子被包围在晶格之中，如图28-1所示。

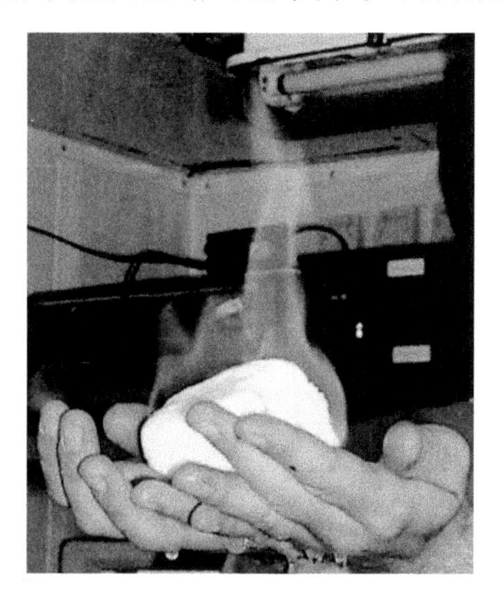

图28-1 生成的水合物

水合物化学式具有确定数目的H_2O分子，其结构大体可分为如下四类：

(1) 全部H_2O分子配位于金属阳离子，例如，六水合物$Co(ClO_4)_2 \cdot 6H_2O$中的6个H_2O分子全部配位于Co^{2+}，可将其写成$[Co(H_2O)_6](ClO_4)_2$。

(2) 部分H_2O分子配位于金属阳离子，部分H_2O分子键合于酸根阴离子，如$CuSO_4 \cdot 5H_2O$中的H_2O分子。

(3) H_2O分子进入固体晶格的确定位置，不与特定的阳离子或阴离子键合，这种化合物中的H_2O分子称为晶格水，如$BaCl_2 \cdot 2H_2O$中的水分子。

(4) 一部分H_2O分子与阳离子配位，另一部分是晶格水，如明矾$KAl(SO_4)_2 \cdot 12H_2O$就具有这种结构。

最后还应该提到水合包合物，它们应该归入水合物，但不是从其组成离子的水溶液中结晶出来的化合物，而是H_2O分子彼此间通过氢键形成笼，将外来的电中性分子或离子包于笼内得到的一类水合物，如$Cl_2(H_2O)_{7.25}$和“可燃冰”。

水合物的生成条件如下：

(1) 液态水的存在。它是生成水合物的必要条件。

(2) 低温。它是形成水合物的重要条件，天然气的温度必须等于或低于天然气中水汽的露点。

(3) 高压。组成相同的气体，其水合物生成温度随压力升高(降低)而升高(降低)。

(4) 其他条件。包括压力的波动、气流方向的改变及微小水化晶的存在。

由此可见,水合物是在以上四个条件综合下生成的,液态水是生成水合物的必要条件,而低温和高压是生成水合物的主要条件。不同温度、压力下的水合物生成曲线示意图如图 28-2 所示。

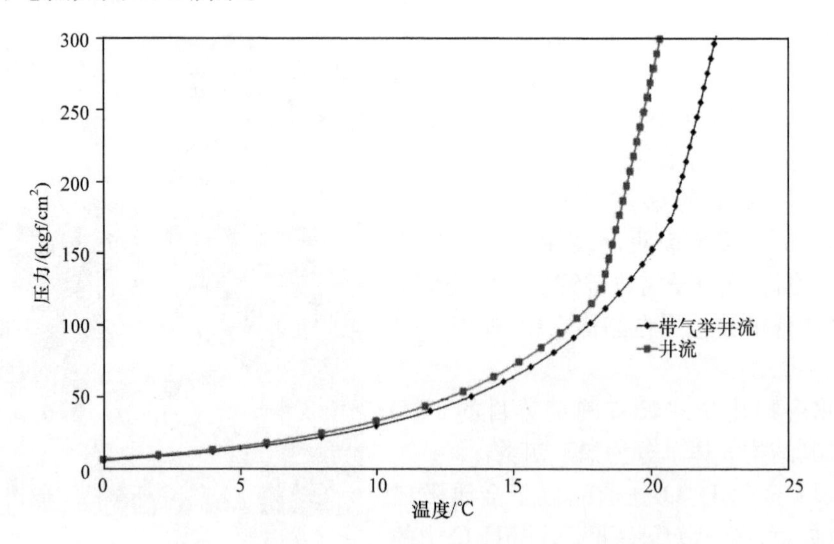

图 28-2 不同温度、压力下的水合物生成曲线示意图

1kgf/cm^2=98066.5Pa

29 预防水合物堵塞主要采用的方法

在油气流动系统中,避免水合物堵塞主要有如下四种方法。

1) 机械控制

水下管道常采用清管器来去除管壁处的水合物晶体,以及管道系统低洼处的水。清管器在清管驱动液的推动下,从管道一点移动至另一点,实现管道首端到尾端的全程清洗,以达到清理管道内部杂质的目的。

2) 热控制

采用被动和主动的方法来给系统保温或给系统加热能防止水合物形成,即在其形成水合物的局部管段,利用热源(如热水、蒸汽)加热油气,提高油气的温度,破坏油气水合物的形成条件,使水合物分解,并被油气带走,从而解除水合物在局部管段的堵塞。如果油气被有效加热,那么水合物将不能形成,或已形成的水合物将融化。对于输送管道,使用一个在线加热器在油气进入管道之前对液体加热,液体应加热足够的时间以达到其在流出管道高于水合物的温度。若管道太长,则可以考虑分段加热。另一种方法是使用伴热线,既可使用电伴热线,也可以用流体伴热线。

3）注化学药剂——热力学抑制剂

常见的热力学抑制剂有醇类（如乙二醇、甲醇）和电解质（如 $CaCl_2$）。向天然气中加入这类抑制剂后，可改变水溶液或水合物相的化学位，从而使水合物的形成条件移向较低的温度或较高的压力范围。目前，在天然气工业中多用甲醇和乙二醇作为热力学抑制剂。

甲醇可用于任何操作温度。由于甲醇能使水合物形成温度降低得较多，其沸点低、蒸气压高、水溶液凝固点低、黏度小，通常用于制冷过程或气候寒冷的场所。一般情况下，喷注的甲醇蒸发到气相中的部分不再回收，液相水溶液经蒸馏后可循环使用。是否循环使用，需根据处理气量等具体情况经技术经济分析后确定。在许多情况下，回收液相甲醇是不经济的。但不回收液相水溶液，废液的处理将是个难题，需采用回注或焚烧等措施。为降低甲醇的液相损失，应尽量减少带入系统的游离水量。国外在制定商品天然气质量标准时，考虑到甲醇具有中等程度的毒性，已限制天然气中可能存在作为热力学抑制剂注入的甲醇量。

乙二醇无毒，较甲醇沸点高，蒸发损失小，一般可回收使用，适用于处理气量较大的井站和输送管线。乙二醇溶液黏度较大，在有凝析油存在时，若温度过低，则会造成分离困难，溶解和夹带损失增大，其溶解损失一般为 0.12～0.72L/m 凝析油，多数情况为 0.25L/m 凝析油，在含硫凝析油系统中的溶解损失约是不含硫凝析油系统的 3 倍。当操作温度低于－10℃时，不提倡使用乙二醇。

4）注化学药剂——动力学抑制剂

为了减少热力学抑制剂的需求量，近来已开发出了许多种低剂量水合物抑制剂，即动力学抑制剂，如成核限制剂、生长控制剂、防聚剂。

动力学抑制剂通过显著降低水合物的成核速率、延缓乃至阻止临界晶核的生成、干扰水合物晶体的优先生长方向以及影响水合物晶体定向稳定性等方式来抑制水合物的生成。目前已发现了这种使用浓度低的化学物质。

动力学抑制剂是一些水溶性或水分散性的聚合物，它们在水合物成核和生长的初期中吸附在水合物颗粒的表面，从而防止颗粒达到临界尺寸（在临界尺寸下，颗粒的生长在热力学上是有利的），或者使已达到临界尺寸的颗粒缓慢生长。

动力学抑制剂的抑制效果用过冷度来表示，过冷度是指管道等体系内实际操作温度低于该体系水合物形成温度的差值。已开发使用的动力学抑制剂的主要缺点是抑制效果有限，尽管至今报道过的动力学抑制剂在实验室内当过冷度为 10℃时，可使水合物成核及晶体生长时间推迟 2～3 天，但现场试验所得到的过冷度不超过 7～8℃，相当于 15％～18％（质量分数）的甲醇抑制剂的效果。

管道中的水合物堵塞如图 29-1 所示。

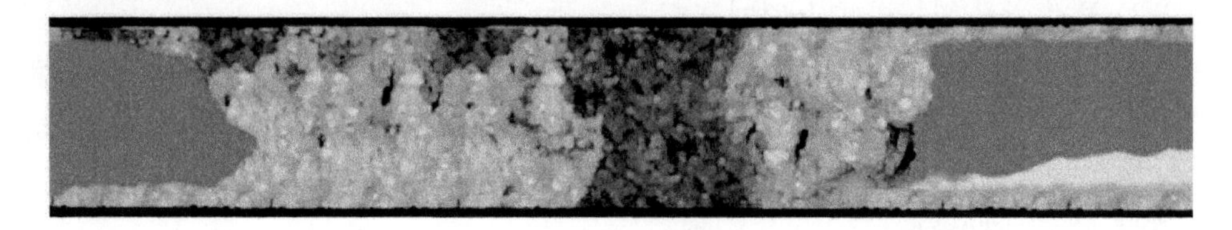

图 29-1 管道中的水合物堵塞

30 水下注入化学药剂的种类和作用

水下注入的化学药剂主要分为如下三类。

1) 防腐剂

防腐剂即缓蚀剂,是一种以适当浓度和形式存在于环境(介质)中防止或减缓腐蚀的化学物质或复合物。缓蚀剂的分类有很多种:按照化学组成,可以分为无机缓蚀剂和有机缓蚀剂;按照电化学机理,可以分为阳极型缓蚀剂、阴极型缓蚀剂和混合型缓蚀剂;按物理化学机理,可以分为氧化型缓蚀剂、沉淀型缓蚀剂和吸附型缓蚀剂。

2) 防垢剂

防垢剂是指能防止或延缓水中无机物质形成垢沉积的化学剂。防垢剂经历了从无机物到有机物,从小分子聚合物到高分子聚合物的发展历程。近年来,国内外主要采用的是有机磷酸型防垢剂和聚合物型防垢剂。

3) 水合物抑制剂

水合物抑制剂是向管线中注入一定量的化学添加剂,改变水合物形成的热力学条件、结晶速率或聚集形态,来达到保持流体流动的目的,提高水合物生成压力,或者降低水合物生成温度,以此来抑制水合物的生成。根据作用机理的不同,已采用的化学抑制剂类型主要有热力学抑制剂、动力学抑制剂、防聚剂三类。

31 热力学抑制剂的作用机理

热力学抑制剂是最早使用的水合物抑制化学添加剂,其作用机理主要有两方面[55]:一是在气-水双组分系统中加入第三种活性组分,能使水的活度系数降低,改变水分子和气体分子之间的热力学平衡条件,从而改变水溶液或水合物化学势,使得水合物的分解曲线移向较低温度或较高压力一边,使温度、压力平衡条件处在实际操作条件之外,避免水合物的形成;二是抑制剂直接与水接触,导致水合物不稳定而分解。热力学抑制剂主要是醇类和盐类。常见的热力学抑制剂及其特点如表 31-1 所示。

表 31-1 常用热力学抑制剂及其特点

类型	常用药剂	特点
醇类	甲醇、乙二醇、异丙醇、氨	乙二醇无毒，沸点高于甲醇，蒸发损失小，适用于天然气处理量大的场合
盐类	氯化钠、氯化钙、氯化镁、氯化锂	制备电解介质稀溶液，效果显著、无毒、廉价，但存在腐蚀的可能性

32 水合物抑制剂甲醇和乙二醇的对比

甲醇和乙二醇(MEG)的优缺点如表 32-1 所示。

表 32-1 甲醇与 MEG 的优缺点

水合物抑制剂	优点	缺点
甲醇	相同质量条件下，能比 MEG 使水合物生成温度降得更低； 较低的黏性； 不易引起盐析； 回收费用比 MEG 低	气态和凝析得较多，导致回收率较低(小于 80%)； 对下游生产造成污染； 低燃点； 水下排放受环境限制
MEG	易于回收，回收率为 99%； 气态/凝析态 MEG 较少	黏性较高，影响脐带缆和水泵的工作性能； 常以液态形式沉积在管道底部； 易引起盐析

33 动力学抑制剂的作用机理

动力学抑制剂(KHIs)是一些水溶性或水分散性的低分子聚合物，在水溶液中的浓度通常小于 1%。KHIs 包裹在水合物表面，影响水合物生成的诱导时间，抑制晶核生成，延迟水合物晶体生长。它们仅在水相中抑制水合物的形成，加入的浓度很低(在水相中通常小于 1%)，但不影响水合物生成的热力学条件。在水合物结晶成核和生长的初期，它们吸附于水合物颗粒的表面，抑制剂的环状结构通过氢键与水合物的晶体结合，延缓水合物晶体成核时间或者阻止晶体的进一步成长，从而使管线中流体在其温度低于水合物形成温度(即在一定的过冷度 Δt)下流动，而不出现水合物堵塞现象。

KHIs的性能受温度、压力和溶液盐度的影响显著。需要强调的是，动力学抑制剂虽然能有效防止水合物生成，但对水合物堵塞不起作用，一旦堵塞，需采用加注甲醇、降压等措施解堵。因此，实际应用中，常将动力学抑制剂与热力学抑制剂联合使用以达到安全高效生产的目的。

根据分子作用的不同机理，动力学抑制剂分为水合物生长抑制剂、水合物聚集抑制剂和具有双重功能的抑制剂[56]。水合物生长抑制剂可以延缓水合物晶核生长速率，使水合物在一定流体滞留时间内不至于生长过快而发生沉积。水合物聚集抑制剂则通过化学和物理的协同作用，抑制水合物的聚集趋势，使水合物悬浮于流体中并随流体流动，不至于造成堵塞。最终的研究目标是找到既能大大延迟水合物生长时间，又能防止聚集发生的抑制剂。动力学抑制剂大致包括表面活性剂和聚合物两大类。表面活性剂类抑制剂在接近临界胶束浓度下，对热力学性质没有明显的影响，但与纯水相比，质量转移系数可降低约50%，从而降低水和客体分子的接触机会，降低水合物的生成速率。聚合物类抑制剂分子链的特点是含有大量水溶性基团并具有长的脂肪碳链，其作用机理是通过共晶或吸附作用，阻止水合物晶核的生长，或使水合物微粒保持分散而不发生聚集，从而抑制水合物的形成。从应用现状来看，聚合物类抑制剂效能更好，应用更广泛。

34 防聚剂的作用机理

防聚剂是一些聚合物和表面活性剂，其抑制机理与动力学抑制剂不同，主要是起乳化剂的作用，当水和油同时存在时才可使用。向体系中加入防聚剂可使油水相乳化，将油相中的水分散成小水滴，尽管油相中被乳化的小水滴也能和气体生成水合物，但生成的水合物被增溶在微乳中，难以聚结成块，而不会引起阻塞。防聚剂在管线(或油井)封闭或过冷度 Δt 较大的情况下都具有较好的作用效果。

虽然防聚剂在油水混合液体系中效果较好，但其分散力有限，作用效果易受混合液体系影响，部分药剂具有毒性，因此现场处理中防聚剂还未得到推广。尽管如此，防聚剂的使用仍然给天然气集输工艺提供了新思路。

35 气田开发中的焦耳-汤姆孙效应

焦耳-汤姆孙效应(Joule-Thomson effect)是指气体在等焓的环境下自由膨胀，而使温度上升或下降，这个过程称为焦耳-汤姆孙过程。气田开发中，天然气经过油嘴节流，气体膨胀，分子之间的平均距离增大。由于分子间吸引力，气体的位能上升。因为这是等焓过程，系统的总能量守恒，所以位能上升必然会令动能下降，故此温度下降。

36 管道中的结蜡

1）管道中结蜡的原理

（1）原油中的蜡沉积物。

从海洋中采出的原油中多是含蜡原油，据统计，蜡的质量分数超过10%的原油几乎占整个产出原油的90%，而且大部分原油蜡的质量分数均在20%以上，有的甚至高达40%～50%。含蜡原油在地层条件下，蜡一般溶解在原油中，随着采出过程中压力、温度的下降和轻质组分的逸出，蜡逐渐析出，并在地层、油管、管线中沉积，给原油的开采和输送带来许多困难。集输油管道的结蜡不仅会增加管道运行的能耗，影响管道的安全运行，而且可能造成凝管事故，给管道的输送带来很大的安全隐患[57]。图36-1为管道中的结蜡图。

图36-1 管道中的结蜡

原油中的蜡以正构烷烃为主要成分，但也含有一定量的异构烷烃、环烷烃和芳烃，其主要分为石蜡、地蜡和微晶蜡。石蜡为C_{16}～C_{35}的正构烷烃，分子量为300～500，主要是片状结晶，易结成大块。地蜡为C_{36}～C_{64}，主要是异构烷烃及少量带长链的环烷烃，分子量为500～700，主要是针状结晶，不容易聚集成大块。微晶蜡为C_{64}～C_{75}，分子量为700～1000，主要由环状化合物组成，有时把这部分蜡与地蜡划为一类，因此地蜡有的地方也称为微晶蜡。原油中的蜡沉积物主要由石蜡组成，兼有一定量的地蜡和微晶蜡。此外，蜡沉积物中还有胶质、沥青质及少量水等有机物和无机物。

（2）原油中蜡的析出。

引起集输油管道结蜡的主要原因是原油与管壁间的温差。原油在流动过程中不断向周围环境散热，以管壁处的油流温度最低，当管壁处的油温下降到析蜡点后，蜡开始以粗糙的管道内壁为结晶核心而结晶析出，并形成结蜡层，进一步吸附原油中的蜡晶颗粒。同时，由于原油与管壁间存在温差，而蜡在原油中的溶解度是温度的函数，所以油流中就会出现石蜡分子的径向浓度梯度。浓度梯度的存在使石蜡分子从管道中心向管内壁扩散，进一步为结蜡提供了条件。

2）影响结蜡的因素

（1）原油的组成和性质。

原油中所含轻质馏分越多，蜡的结晶温度就越低，即蜡越不易析出，保持溶解状态的蜡量就越多。蜡在油中的溶解量随温度的降低而减小。原油中含蜡量高时，蜡的结晶温度就高。在同一含蜡量下，重油中蜡的结晶温度高于轻油中蜡的结晶温度。

（2）原油中的胶质和沥青质。

原油中不同程度地含有胶质和沥青质，它们影响蜡的初始结晶温度、蜡的析出过程以及结在管壁上蜡的性质。由于胶质为表面活性物质，可以吸附初始结晶蜡来阻止结晶的发展。沥青质是胶质的进一步聚合物，它不溶于油，而是以极小的颗粒分散在油中，可成为石蜡结晶的中心。胶质、沥青质的存在，使蜡结晶分散得均匀而致密，且与胶质结合紧密，但在胶质、沥青质存在的情况下，在管壁上沉积的蜡更不易被油流冲走。因此，原油中所含的胶质、沥青质既可减轻结蜡程度，又在结蜡后使沉积蜡黏结强度增大而不易被油流冲走。

（3）油温。

在温差相同、流速相同的情况下，油温越高，结蜡倾向系数越大。这是因为，随着油温的升高，管壁处蜡分子浓度降低，原油黏度降低，扩散系数增大，而管壁处温度梯度基本不变，管壁剪切应力降低，油流对结蜡层的冲刷作用减弱，因此在管壁结晶析出并沉积下来的蜡分子比例相对增加。

（4）管壁温差。

管壁结蜡量随管壁温差的增大而增大。这是因为，壁温与中心油流温差越大，石蜡分子的浓度梯度越大，分子扩散作用越强；当中心油温一定时，壁温越低，管壁附近的蜡晶浓度越大，剪切弥散作用越强，布朗运动引起的蜡晶间的相互碰撞也越强，这些都有利于管壁结蜡。

（5）流速。

随着流速增大，结蜡速率降低，结蜡强度减弱。这是因为，随着流速增大，管壁剪切应力增大，油流冲刷作用增强，从而使得管壁上的结蜡层减薄。

（6）管壁材质和原油中所含杂质。

管壁粗糙度越大，越易结蜡，同时，原油中所含的其他机械杂质越多，越易结蜡。这是因为，这些杂质和粗糙的表面为蜡提供了更多的结晶核心，从而容易结蜡。

（7）运行时间。

随着运行时间的延续，结蜡层的厚度缓慢增加，而蜡沉积的增量减少。这是因为，随着结蜡层厚度的增加，热阻增加，散热量减少，结蜡层表面与油流的温差减小，使蜡沉积增量减小。

3）防蜡技术

防蜡技术主要有如下几种。

(1) 改变管材的性质。

改变管材性质的方法包括采用塑料管道、在金属管道上涂与蜡晶结合力较弱的涂料及环氧树脂涂料等。塑料管道表面光滑，使石蜡在管壁的结晶核心少得多，因此不易在管壁沉积。涂料则是由于这些化合物都具有极性，涂在管道壁上形成极性表面，不利于非极性的石蜡沉积。这种方法不能完全解决防蜡降凝的问题，因此与化学防蜡方法相结合效果更好。

(2) 增加蜡在原油中的溶解度。

增加蜡在原油中溶解度的方法包括通过加热、地面管线保温或伴热提高原油的温度以及向原油中掺入轻质组分或其他溶剂油。

(3) 磁防蜡。

磁防蜡技术就是对原油进行磁处理，减少石蜡在管道表面的析出和结晶，并阻碍蜡晶聚结，从而起到防蜡的作用。

(4) 防蜡剂防蜡。

防蜡剂是指能抑制原油中蜡晶析出、长大、聚集和在固体表面沉积的化学剂，即能防止结蜡的化学剂。使用防蜡剂防蜡除可以收到防蜡的效果外，有些药剂还具有降凝降黏的作用，而且一般情况下既经济又有效，因此该方法是目前在油气田中应用较广泛的防蜡技术。

37 结垢的主要原因及影响因素

地层水中含有高浓度易结垢盐离子，在采油过程中，因压力、温度或水成分变化改变了原先的化学平衡而产生垢，主要以碳酸钙垢为主，另外还混有碳酸镁、硫化钙、镁等，我国陆上油气田结垢大都由此引起；两种或两种以上不相容的水混合在一起，结垢离子相互作用而生成垢，最常见的有硫酸钡垢和硫酸锶垢。

结垢的主要原因有如下三点：

(1) 油气田水中易结垢的盐离子含量高，在采油过程中因温度、压力的变化打破了原先的物质平衡而形成垢。

(2) 两种或两种以上不相容的水混合在一起，水中不相容的离子相互作用而生成垢。

(3) 采出物中某组分的变化打破了原来的平衡状态，促使垢的生成。

影响管道结垢的因素如下：

(1) 管内压力。通常在油气田管道的输送中，结垢形成的概率将随着压力的降低而增大。主要原因为介质中硫酸钙结垢的过程中有气体参与反应，所以压力对其影响更为显著。此外，压力对硫酸镁、硫酸钠、硫酸钙、硫酸钡等溶液结垢均有影响，也就是说，压力减小，物体沉淀过快，易于出现结垢，且结垢呈上升的趋势。

(2) 介质温度。输送介质中易结垢盐类的溶解度多数为随温度的升高而降低,温度越高,越容易结垢。

(3) 介质流动速度。因为流体速度增大能减少污垢的沉淀,但流体速度增大反而造成的剥蚀率上升更加明显,从而促使污垢的总增长率相对减少。当流体速度减慢时,介质中带有的微生物排放物与固体颗粒将快速沉淀,致使管道结垢的可能性显著增加,尤其是管道结垢的突变部位最为明显。

(4) 输送介质的 pH。大量的研究表明,提高溶液的 pH,碳酸盐将迅速结晶,使污垢热阻增大,污垢形成的诱导期缩短,促进污垢的生长。但 pH 太低,会加大腐蚀,引起腐蚀垢。介质 pH 的确定,需要同时考虑这两个方面。

38 结垢的主要机理

结垢分为三个阶段,即垢(scale)的析出、垢的长大和垢的沉积。这个过程中的主要作用机理为结晶作用和沉降作用。

1) 结晶作用

当盐溶液浓度达到过饱和时,首先发生晶核形成过程。溶液中形成了少量盐的微晶粒,然后发生晶格生长过程,形成较大的颗粒,较大的颗粒经过熟成竞争成长过程进一步聚集。水垢的形成过程具体如图 38-1 所示。

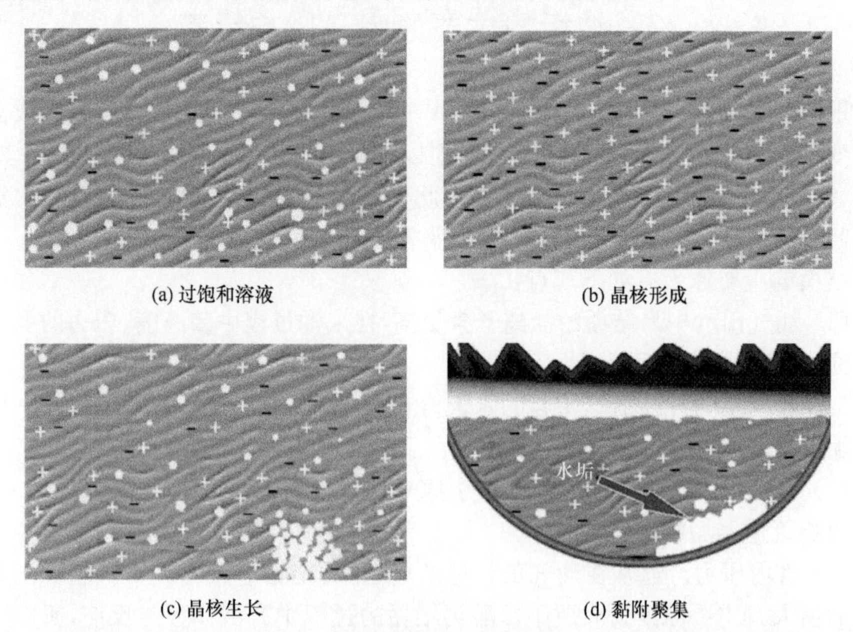

(a) 过饱和溶液 (b) 晶核形成

(c) 晶核生长 (d) 黏附聚集

图 38-1 水垢的形成过程

2）沉降作用

水中悬浮的粒子，如铁锈、砂土、黏土、泥渣等将同时受到沉降力和切力的作用。沉降力促使粒子下沉，包括粒子本身的重力、表面对粒子的吸引力和范德瓦耳斯力以及因表面粗糙等引起的物理作用力。切力又称剪应力，是水流使粒子脱离表面的力。如果沉降力大，则粒子容易沉积；如果剪应力大于水垢本身的结合强度，则粒子被分散在水中，如图 38-2 所示。

图 38-2　管道中的结垢

39　油气田结垢的主要类型和影响因素

油气田常见的结垢及主要影响因素如表 39-1 所示。

表 39-1　油气田主要结垢及主要影响因素

<table>
<tr><th colspan="2">名称</th><th>化学式</th><th>主要影响因素</th></tr>
<tr><td colspan="2">碳酸钙</td><td>$CaCO_3$</td><td>二氧化碳分压、温度、含盐量、pH</td></tr>
<tr><td colspan="2" rowspan="2">硫酸钙</td><td>$CaSO_4 \cdot 2H_2O$（石膏）</td><td rowspan="2">温度、压力、含盐量</td></tr>
<tr><td>$CaSO_4$（无水石膏）</td></tr>
<tr><td colspan="2">硫酸钡</td><td>$BaSO_4$</td><td rowspan="2">温度、含盐量</td></tr>
<tr><td colspan="2">硫酸锶</td><td>$SrSO_4$</td></tr>
<tr><td rowspan="5">铁化合物</td><td>碳酸亚铁</td><td>$FeCO_3$</td><td rowspan="5">腐蚀、溶解气体、pH</td></tr>
<tr><td>硫化亚铁</td><td>FeS</td></tr>
<tr><td>氢氧化亚铁</td><td>$Fe(OH)_2$</td></tr>
<tr><td>氢氧化铁</td><td>$Fe(OH)_3$</td></tr>
<tr><td>氧化铁</td><td>Fe_2O_3</td></tr>
</table>

40 防垢的主要方法

根据防垢机理,除垢方法大致可分为以下四类。

1) 超声波除垢

相比于传统的除垢技术,超声波除垢工艺具有显著优势,其不仅能连续在线工作,而且除垢机的操作性能安全、自动化水平高、投资成本少及环境污染率低,已成为目前应用最为广泛的管道除垢技术。超声波除垢,主要是通过超声波的强声场对流体进行流体处理,促使流体中形成的污垢在强大超声场的作用下发生化学、物理等一系列的改变,从而演变成细小、分散、脱落且难以依附在管道壁上的结垢。大体的防垢机理通常表现在活化效应、抑制效应、剪切效应以及空化效应等几个方面。总之,超声波除垢器不仅能有效阻止污垢的沉积与形成,而且能充分破坏已沉淀的污垢,防垢效果显著,对成本降低、节能环保及提高工作效率等意义重大。

2) 化学防垢

化学防垢主要是化学溶垢技术,包括酸洗、螯合剂溶剂清洗和大环聚醚化合物溶液清洗等。化学清洗施工方便,费用合理,易清除射孔和产层结垢,且停工时间短。除垢剂的使用方法一般有三种:连续法、挤压法和间歇法。由于化学除垢技术复杂多样,在具体操作过程中容易引发管线受损及环境污染,并且治理的成本较高,时间过长,所以应寻找更为环保、适用及有效的除垢剂,建议减少使用化学除垢剂。

3) 永磁除垢

永磁除垢的基本原理是在油气集输管道的易结垢地段安装永磁除垢器,当永磁除垢器产生磁力线作用于已产生或正在产生的沉淀垢时,将产生一定的电动势;由于无机盐沉淀在水中本来就有一定的电离度,当受电场作用后,油气田水被磁化,会增大无机盐沉淀的电离度,破坏垢的生成和促使垢物溶解,或使老垢变松而脱落,从而被流体带走。

4) 量子管通环防垢

量子管通环防垢技术是利用特定设备测定和储存水中水垢和铁锈等相关物质的分子振动波形,针对水中相关物质的分子振动波形,再开发多种超精微振动波(ultra-fine oscillations),然后利用最新的激光技术将这种波储存于量子管通环的亚原子中,当量子管通环从周围环境接收能量时,就可以持续恒定地释放超精微振动波,透过管壁传入水中,高速向下游传播,在这种超精微振动波的作用下,水的活性得到极大加强,水中的钙、铁等相关物质的物理特性发生变化,离子间的结合力减弱,不易析出结晶。

41 出砂及其危害

在生产油气过程中，因生产压差过大、砂岩油气层岩石胶结疏松等，使地层砂流入井筒，堵塞油气通道，造成油气井停产的现象。

油井出砂是油气田开发急需解决的难题之一。油井出砂的主要原因是油藏储层为疏松胶结砂岩。另外，在油气田开发中后期，长期注水或注气开采也会极大地破坏储层骨架，造成油井出砂。油井出砂的危害主要表现在三个方面：

(1) 砂埋产层，造成油井减产或停产。

(2) 高速的砂粒，造成地面及井下设备加剧磨蚀。

(3) 出砂导致地层亏空并坍塌，造成套管损坏使油井报废等，油井出砂，造成油井产量大减，作业成本激增，经济损失严重。

1) 油井出砂过程

地层砂可分为两种：充填(松散)砂和骨架砂。

当流体的流速达到一定值时，首先使得充填于油层孔道中的未胶结的砂粒发生移动，油井开始出砂，这类充填砂的流出是不可避免的，而且起到疏通地层孔隙通道的作用；反之，如果这些充填砂留在地层中，有可能堵塞地层孔隙，造成渗透率下降，产量降低。因此，充填砂不是防治的对象。

当流速和生产压差达到某一数值时，岩石所受的应力达到或超过它的强度，造成岩石结构损坏，使骨架砂变成充填砂，被流体带走，引起油井大量出砂。防砂的主要对象就是骨架砂，上述情况是在生产过程中应尽量避免的。

根据以上情况可以把油井出砂过程分为两个阶段：

第一阶段是由骨架砂变成充填(松散)砂，这是导致出砂的必要条件；对于该阶段，应力因素如井眼压力、原地应力状态及岩石强度等是影响出砂的主要因素。

第二阶段是充填砂的运移。要运移由于剪切破坏而形成的充填砂，液力因素是主要影响因素，如流速、渗透率、黏度以及两相或三相流动的相对渗透率等的作用等。

生产过程中，只要满足以上两个条件，油井就会出砂。

因此，对于具有一定胶结强度的地层，要实现有效的防砂，首先要防止地层发生破坏，即不让出砂的必要条件得到满足，这主要通过控制应力因素，如保持储层压力、减小生产压差等来实现。

但是，随着生产的进行，储层压力衰减，岩石强度降低都是必然要发生的，即岩石不可避免要发生破坏。这样，过程就由出砂的第一阶段过渡到第二阶段，这时主要通过控制流速来阻止充填砂的运移达到防砂的目的，即控制产量(流速)。

同样，对于弱胶结和未胶结储层，出砂第一阶段的条件很容易满足，这样防砂的关键在于不让出砂第二阶段所需要的条件得到满足，即可通过控制流速和生产压差来达到防砂的目的。

2）出砂的危害

气井出砂是石油开采遇到的重要问题之一。每年要花费大量人力物力进行防治和防砂研究。出砂给生产带来的危害可概括为以下三类。

（1）井下、井口采油设备的磨损和腐蚀。

产液中带砂会使各种采油泵、管线受到磨损，大大缩短它们的寿命；输油管线会由于砂粒磨损加快腐蚀速度。

（2）井眼稳定问题。

出砂会使井眼失稳而导致套管挤毁、油井报废。通过对胜利油田某疏松砂岩区块资料分析发现，随着出砂的加剧和原地层压力的降低，套损井逐年增加，疏松砂岩储层油井套管损坏严重，总数已占10%以上，个别区块已达30%以上。

（3）出砂会导致减产或停产。

油井出砂磨损泵筒与柱塞，降低泵效，甚至损坏采油泵，造成油井减产或停产。

42 出砂的主要影响因素

出砂的可能性以及井出砂量取决于很多因素，概括起来可分为以下几类。

1）地质力学因素

地质力学因素主要包括原地应力状态（垂直地应力与原始水平地应力）、孔隙压力、原地温度、地质构造等。

2）砂岩储层的综合性能

砂岩储层的综合性能主要包括井深、砂岩的强度和变形特征、孔隙度、渗透率、泄流半径、流体的组成（油、气、水的含量及分布等）、黏土含量、岩石组成、颗粒尺寸和形状及压实情况等。

3）工程因素

工程因素主要包括完井类型、井身结构参数（井深、井斜、方位、井径）、完井液的性能、增产措施（压裂、酸化等）、生产工艺参数（流速、生产压差及流量）、油层损害（表皮系数增大）、放油或关井方案、人工举升技术、油藏衰竭、累计出砂量等。

4）产量

产出速度越高，油产量越大。

5）流体物性

流体黏度越高，地层上的曳力越大。油藏岩层越老、越牢固，越不容易出砂。地层渗透性也影响出砂的趋势，因为渗透性越低通常会导致越高的水面下降。

6) 完井设计

油井倾斜度、打孔技术和油层隔离都能影响出砂的趋势。

7) 时间

油藏/流体物性随时间的变化能影响油井的出砂性能。例如,细颗粒侵入或沥青质/结垢沉积在油藏中可导致渗透性降低和更高的水面下降。同时,在很多情况下,当井开始产出水或气并伴随烃类液体时,出砂会大幅增加。

43　水下生产系统中防砂及除砂的方法

石油工业中,油井生产出砂是普遍性问题,而且研究油井生产出砂问题十分困难,原因主要如下:

(1) 无法直接观测出砂过程。油气田开发在地层深处进行,在地面无法直接观测。

(2) 岩石力学性能复杂。地层岩石的力学性能可能在较大范围内变化,地层深部取心不但花费昂贵,而且也有一定的偶然性、局限性,如地层深部的含水率、温度和压力条件在地面上难以保持,而这些因素对地层岩石的力学性能有很大影响。

(3) 储层条件复杂。随着生产的进行和各种增产措施的实施,储层变得十分复杂,这也给研究出砂机理带来困难。

(4) 油井出砂影响因素多。油井出砂受许多复杂因素的影响,如地质条件、岩石力学性能、生产参数等。

在一口油井最终完成之前以及其生产过程中,准确地预测其是否出砂是至关重要的,因为无论采取何种防砂措施,费用都会很高,所以不必要的防砂措施不仅会增加生产费用,而且会污染油气层,降低生产效率。

但是,对那些因出砂而被放弃或不能继续开发的油井,采取防砂措施又是使油井成为有开采价值的唯一方法。

1) 防砂措施

若井眼出砂,就要采取防砂措施,针对出砂的危害,人们采取了多种防砂措施。可以把这些措施概括为两大类,即自然完井法防砂、主动防砂法。

(1) 自然完井法防砂。

自然完井法防砂是指利用生产参数如压差、生产速率等来控制油井出砂。

砂拱防砂是一种自然防砂法,是指油、气井射空完井后不再下入任何机械防砂装置或充填物,也不注入任何化学药剂。

砂拱防砂的机理如同拱桥承载一样,砂粒在炮眼口处形成砂拱,具有一定的承载能力,挡住地层砂随液产出。砂拱防砂成败的关键在于砂拱的稳定性。要想保持砂拱的稳定性必须考虑两个关键问题:一是降低并稳定地层流体产出速度;二是保持或提高井筒周围地层的径向应力。

一般来说，套管完井砂拱防砂要求有小孔径和高孔密的炮眼。小孔径有利于形成砂桥和提高砂桥的稳定性。高孔密可以增大过流面积，降低地层流体的流速，使其控制在一定的临界值之内而不致冲垮砂桥。但是，由于地层流体的速度并不稳定，随着抽油机冲程和冲数的改变，流速在不断变化，特别是使用大泵量无杆泵抽油，在炮眼里会造成十分严重的紊流，更易使砂拱垮塌。因此，这种单纯的套管射孔砂拱防砂方法的实际应用受到限制。

(2) 主动防砂法。

主动防砂法包括砾石充填、机械防砂、化学固结、稳定砂拱法和热力焦化防砂等。

① 砾石充填。这是一种比较重要的主动防砂方法。它分为两类：

Ⅰ 套管内砾石充填。如果在下入套管并射孔的井中有出砂，可在出砂井段下筛管，在筛管与油层套管之间的环空中充填砾石。

Ⅱ 裸眼砾石充填。在钻开产层之前下套管封固，再钻开产层，在产层段扩大井眼，下入筛管，在井眼与筛管之间的环形空间中充填砾石。砾石和筛管对地层的出砂起阻挡作用。

② 机械防砂，主要分为管柱滤砂和机械充填滤砂两大类。

Ⅰ 管柱滤砂，是在生产管柱上或井筒内封隔管柱上采取防砂滤砂措施，一般采取防砂泵防砂或滤砂管防砂。管柱滤砂的优点是施工简便、成本低，缺点是无法阻止地层砂进入井筒，虽然在短期内减少了卡泵和砂对设备的破坏，但是仍会堵塞地层，砂埋管柱，而且只适于中粗砂岩地层(砂粒径大于 0.1mm)，防砂管柱的缝隙或孔隙易被进入井筒的地层细砂所堵塞。管柱滤砂有两种用法：一是在泵抽管柱中当筛管，二是用于套管内充填防砂。常用滤砂管有绕丝筛管、割缝筛管、金属粉末或树脂砂粒滤砂管、多孔陶瓷滤砂管、金属棉纤维滤砂管、双层预充填滤砂管等。

Ⅱ 机械充填滤砂。下入防砂管柱(绕丝筛管或其他滤砂管)后将充填材料充填于筛管和井壁之间的环空并将部分砾石挤入近井周围地层内，阻挡砂粒运移。充填材料多种多样，最常用的是砾石，还可用果壳、果核、塑料颗粒、玻璃球或陶粒等。这种防砂方法能有效地把地层砂限制在地层内，并能使地层保持稳定的力学结构，防砂效果好，寿命长。

相对来说，机械防砂对地层的适应能力强，无论产层厚薄、渗透率高低、夹层多少，都能有效地实施；在老井作业中，还可起到恢复地层应力的作用，从而延长生产周期，使出砂井能得到充分的利用。另外，机械防砂成功率高，成本较低，目前应用十分广泛。但是，机械防砂不适用于细粉砂地层和高压地层。

③ 化学固结。它是把一种化学物质注入井眼附近，使其强度增大以防止出砂。

④ 稳定砂拱法。它是用水力封隔器将井眼附近地层机械压实的方法，其目的是改善地层颗粒之间的桥堵能力。

⑤ 热力焦化防砂。其原理是向油层提供热能，促使原油在砂粒表面焦化，形成具有胶结力的焦化薄层。热力焦化防砂主要有热空气固砂和短期火烧油层固砂两种，目前应用较少。

2）除砂方法

油气田中应用的除砂设备有重力式除砂器、过滤式分离除砂器、旋流除砂器以及管式除砂器等几种形式[58]。

（1）重力式除砂器通过重力沉降改变液流速度和运动方向，除去原油采出液中的砂粒，由抽砂泵和旋流器组成。该装置对原油破乳、除砂采取了管道内破乳、改变液流速度与方向、热化学破乳、重力沉降、采出液经水层冲洗、低耗预沉降及旋流器清砂等一系列有效的方法，取得了良好的使用效果。

（2）过滤式分离除砂器为卧式，在进口端装有折流板，能防止流体直接冲击过滤元件，有助于砂的分离。出口具有防止液流气化的作用，避免液体气化引起过滤效率降低。当过滤式分离除砂器因堵塞或其他原因造成压力升高时，压力控制器可将控制阀打开，使采出液不能进入除砂器。

（3）旋流除砂器在美国、苏联等已广泛应用于石油开采和油气集输处理工艺。主要由旋流器和接在下面的储罐组成。在离心力作用下含水和砂的原油采出液液流按不同组分的密度进行分离，轻组分经排油管排出，砂和游离水等重组分流入储罐，定期外排。储罐内砂和水的上部还有小部分油和乳化液，经放油管和放油阀输至排油管。

（4）管式除砂器。墨西哥湾油田除砂体系包括两个出口除砂设备，一个装配在低压分离器的水出口，另一个装配在油出口以起到除砂作用。分离出来的固体被收集、脱水，然后运送到一个处理装置进行彻底脱水和处理。为了最大限度地脱除油、水流中的砂，在低压分离器的每个出口安装尺寸相同的管式除砂器，该除砂器导管尺寸为 20in（1in≈2.54cm），外径为 82in，总高度为 150in。管式除砂器充当一个固定尺寸的孔口，在固定流速下，可以保持常压。管式除砂器有一个回路，保证了生产的连续性。

44　水下砂检测器的主要类型

水下砂检测器主要分为如下两大类。

1）非插入式水下砂检测器

非插入式水下砂检测器在水下采油树配管上安装一个声学卡箍来检测砂撞击管内壁的噪声，如图 44-1 所示。

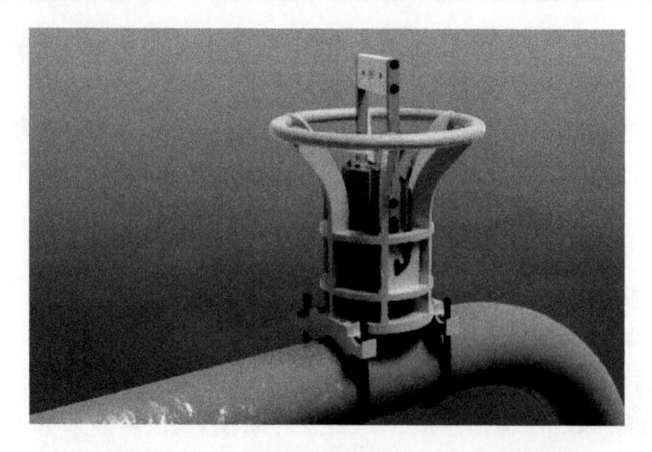

图 44-1 Roxar 非插入式水下砂检测器安装示意图

2) 插入式水下砂检测器

插入式水下砂检测器在水下采油树配管上安装电阻探针来测量由于管界面阻抗增加而反映出的累计侵蚀量，如图 44-2 所示。

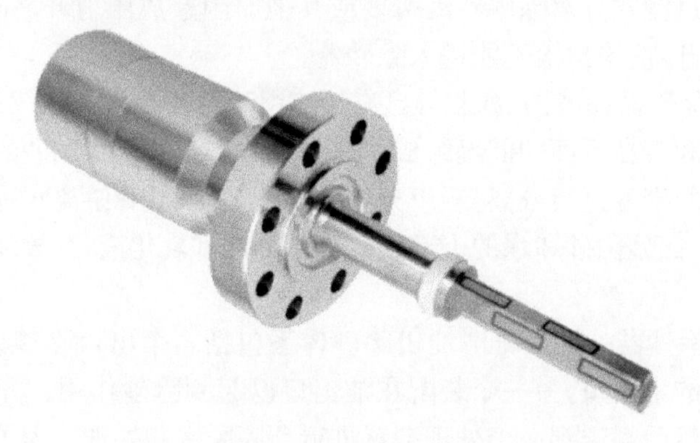

图 44-2 Roxar 插入式水下砂检测器

45 水下生产系统的清管方式及需要考虑的主要因素

1) 水下生产系统的清管方式

对于水下管道的清管方式，依清管器发射方式的不同，主要分为平台发射清管、回路发射清管和水下发射清管[59]。

(1) 平台发射清管是一种传统的清管方式，从一个平台进行清管器发射，完成清管后，在另一处平台进行清管器回收(图 45-1)。该方式能够有效清洗水下管道，且清管器发射和接收均在平台上进行，便于使用反向增压解决卡球问题，但只能清洗两个相邻平台之间的管道，具有局限性。

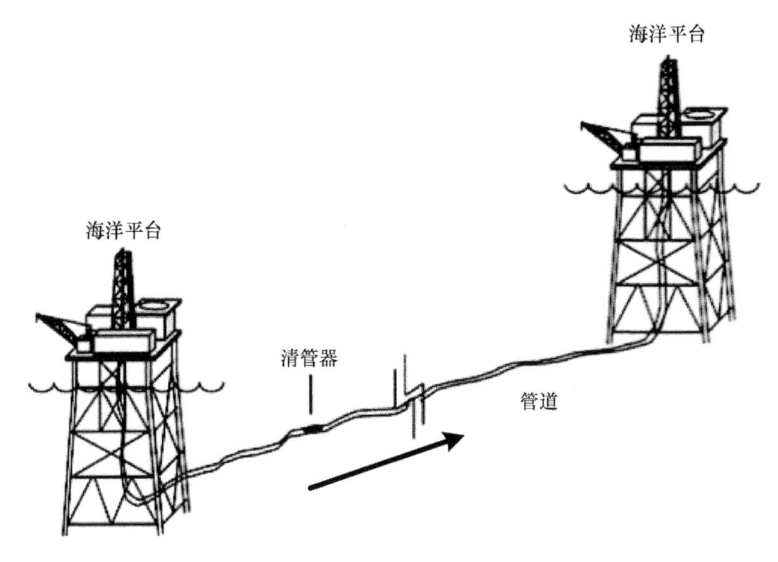

图 45-1 平台发射清管

(2) 回路发射清管是利用两条管道和水下管汇搭建一个清管回路，清管器在平台发射以后，经清管回路返回平台，清管器的接收和发射在同一平台进行(图 45-2)。该方式在技术上趋于成熟，能够清洗较长的管道，卡球问题也基本得到解决，但由于需要建设清管回路，增加了长距离生产管道的铺设成本，在边远油气田的开发中使用受到限制。

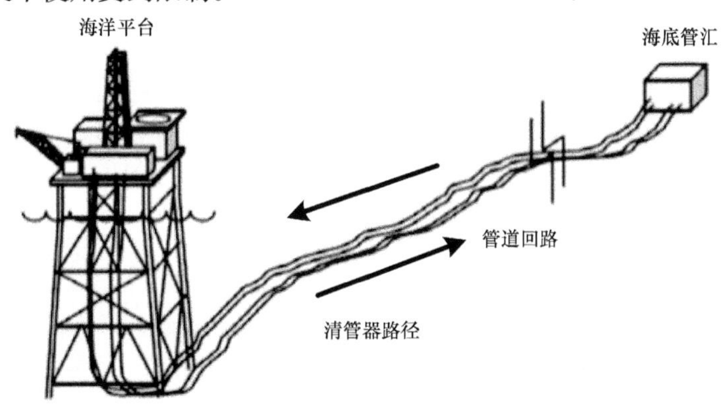

图 45-2 回路发射清管

(3) 水下发射清管是利用安装在水下的清管器发射系统在水下发射清管器，发射后的清管器随生产液返回平台，在平台回收清管器(图 45-3)。该方式无须搭建清管回路，减少了管道铺设费用。同时，使用生产液作为清管器的驱动液，减少了停井时间，对生产影响较小，对于清洗长距离管道具有突出优势。但是，在水下发射清管器需要控制多个阀门，操作较复杂，因而增大了发射难度。

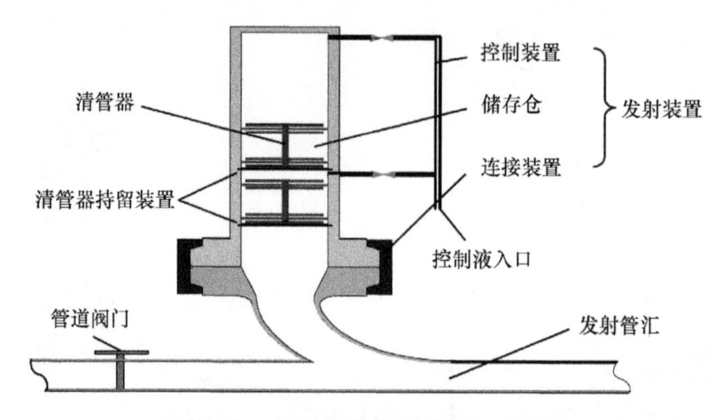

图 45-3　水下清管器发射系统示意图

平台发射清管和回路发射清管操作简单，技术基本成熟，但特殊的使用条件和巨额费用限制了其在长距离管道中的应用，而水下发射清管技术有效解决了这些问题，现已应用于多个边际油气田的开发。三种清管方式的对比如表 45-1 所示。

表 45-1　水下管道清管方式对比

清管方式	优点	缺点
平台发射清管	操作简单，易于解决卡球问题	只能在相邻两个平台之间进行作业
回路发射清管	技术成熟；操作简单，易于解决卡球问题	需要铺设两条管道，建设成本高；管内残渣可能在井口堆积；需要停井作业
水下发射清管	单管道运输成本低，适合边际油气田清管；直接采用生产液作为驱动液，无须长时间停井	容易出现卡球问题；操作复杂

水下清管器按照安装方式的不同可以分为水下立式清管器（图 45-4）和水下卧式清管器（图 45-5），目前水下清管器发射装置最大设计作业深度已达 3000m，根据发射需要，可以选择不同的安装方式[60]。

图 45-4　水下立式清管器

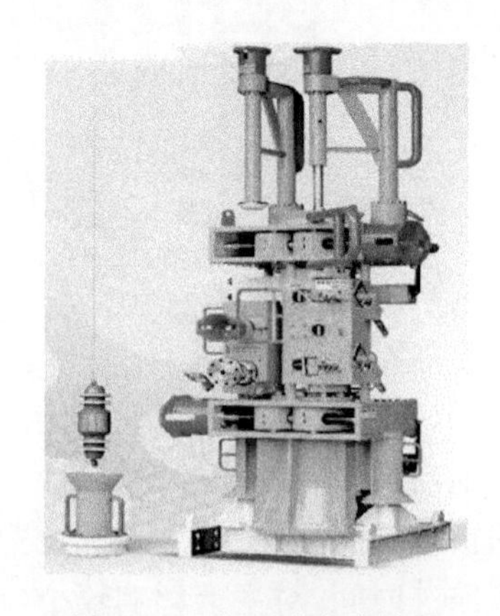

图 45-5　水下卧式清管器

2）采用水下清管球发射装置时需要考虑的主要因素

目前，水下清管器发射装置尚无统一的设计标准，各公司根据油气田的实际需要（水深、油藏压力等）进行专门开发。但是，基于上述设备的结构和应用状况，可以得到一些通用的设计原则[61-63]。

（1）根据油气的生产经验和油井结蜡速度，确定清管器发射装置的清管器数量。

（2）对于深水、超深水水下生产系统，平台到海底之间存在柔性立管，当清管器通过立管向平台或FPSO运动时，清管器上部静压减小，致使段塞流的空气段突然膨胀，清管器前部压力突然下降，造成清管器向前窜动，从而威胁立管的安全。因此，需要对生产液的段塞流加以控制，目前利用加装段塞流捕集器的方式来减少段塞流。

（3）驱动液是用于驱动清管器在管道中运动的介质，可供选择的液体有四种：生产液、甲醇、海水、氮气。

① 使用来自管汇的生产液作为驱动液可以减少生产中断，但可能在回收发射装置时造成原油泄漏而产生污染。

② 使用甲醇作为驱动液能够减少环境污染，但由于甲醇流量太小，无法驱动清管器运动，所以仅适用于清管器仓体的冲洗。

③ 使用海水作为驱动液可以就地取材，节约成本且无污染，但可能将水合物和氧气带入碳钢管道中，对管道造成腐蚀。

④ 氮气对环境无污染，但需要的储存设备过大，不适合用于水下。

基于此，多数公司选择使用生产液作为驱动液，以减少停井时间。

（4）关于连接方式的选择，水下清管器发射装置和水下发射管汇的连接方式目前有两种：水平式和垂直式，垂直式对于水下安装要求较低，适合发射小直径清管器；水平式安装难度较大，但能够发射大直径清管器或清管器串，能够用于管道检测。

46　防腐剂的作用机理

防腐剂的主要工作原理示意图如图46-1所示。

目前，海上油气田用的防腐剂主要是吸附膜型有机防腐剂，其具体原理是在金属材料表面的动态吸附，形成有效的隔离膜，从而将金属表面与腐蚀介质分开。吸附膜示意图如图46-2所示。

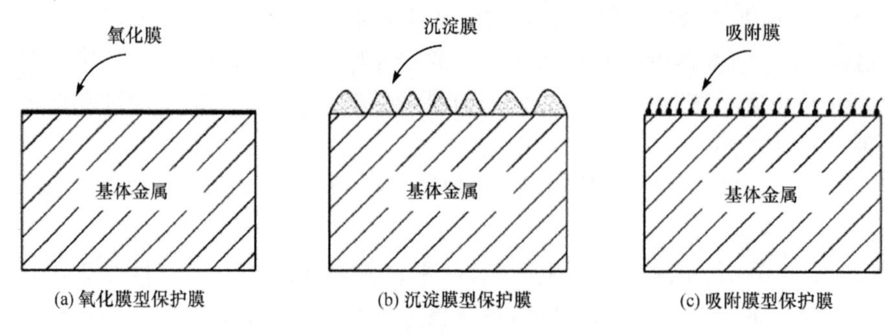

图 46-1 防腐剂工作原理示意图

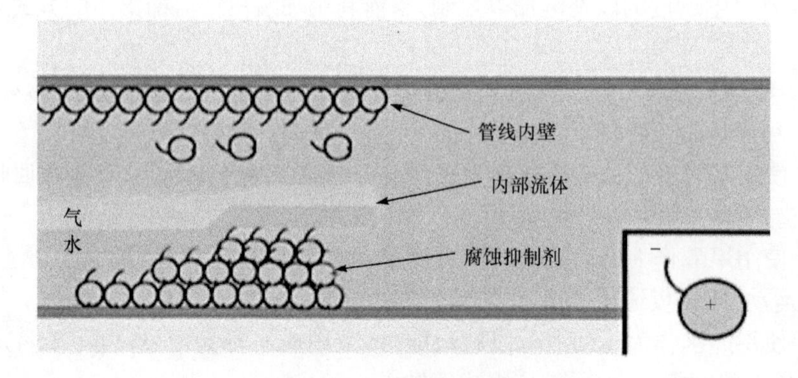

图 46-2 吸附膜示意图

47 段塞的定义

段塞是气液混输管线特别是海底混输管线中经常遇到的一种典型的不稳定工况，表现为周期性的压力波动和间歇出现的液塞，往往会给集输系统的设计和管理造成巨大的困难和安全隐患。

48 水下生产系统中形成的气液段塞的主要类型

水下生产系统中形成的气液段塞主要包括两种类型。

1) 水力(常规)段塞

水力(常规)段塞通常发生在中等气速和液速下。当在液体上面移动的气体相对速度增大时，液体出现波浪，一直到在某一位置液体波浪的高度接触管上部并形成段塞。

2）地形段塞

地形段塞是管线中较低位置处大量液体积聚而成的。一旦液体接触到管道上部，液塞上游截流的气体开始压缩，直到压力足够超过液体的静水压头，不规则的喷涌扩散就会发生。

49　立管段塞的形成过程

立管段塞的发生，主要分为如下四个阶段（图 49-1）。

1）液塞聚集阶段

此时气液流量小，气体速度低，不足以将液体举升到立管顶部，液体不断滑落，开始在立管底部聚集，液塞开始形成。

2）液塞溢出阶段

当液塞聚集到堵塞管道底部时，立管底部压力升高，立管内液塞在气体压力推动下不断增高，开始溢出立管顶部。

3）液塞涌出阶段

当立管底部压力足够高时，立管内液塞在气体压力推动下继续上升，直至大量涌出立管顶部，同时液塞后的气泡也随着液体上升，开始进入上升立管。

4）液塞回落阶段

当液塞大部分或全部进入立管顶部并涌出时，液塞后气泡上升至立管顶部，并在立管顶部喷出后，立管内压力迅速降低，液体随之滑落，新一阶段液塞聚集阶段开始。

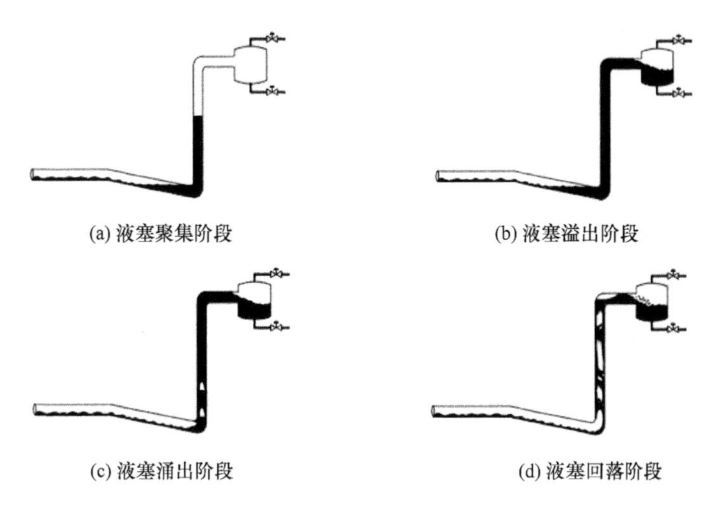

(a) 液塞聚集阶段　(b) 液塞溢出阶段

(c) 液塞涌出阶段　(d) 液塞回落阶段

图 49-1　立管段塞的形成示意图

50 水下人工举升的方式

水下人工举升人为地向油井井底增补能量，将油藏中的石油举升至井口，主要包括电潜泵（ESP）举升、水驱潜油泵（HSP）举升、气举（天然气、氮气）、水力射流泵举升等。

随着采出石油总量的不断增加，油层压力日益降低；注水开发的油气田，油井产水百分比逐渐增大，使流体的比重增加，这两种情况都使油井自喷能力逐步减弱。为提高产量，需采取人工举升法采油（又称机械采油），人工举升法采油是油气田开采的主要方式，特别是在油气田开发后期。人工举升法采油有泵抽采油法和气举采油法两种。

1）泵抽采油法

在油井中下入抽油泵，把油藏中产出的液体泵送到地面的方法，简称抽油法。此法所用的抽油泵按动力传动方式分为有杆和无杆两类。

（1）有杆抽油泵是最常用的单缸单作用抽油泵，其排油量取决于泵径和泵的冲程、冲数。有杆抽油泵分杆式抽油泵、管式抽油泵两类。一套完整的有杆抽油泵机组包括抽油机、抽油杆柱和抽油泵。

（2）无杆抽油泵适用于大产量的中深井、深井和斜井。在工业上应用的是电动潜油泵、水力活塞泵和水力喷射泵。

电动潜油泵是一套多级离心泵和电动机直接连接的机泵组。由动力电缆把电送给井下的电机以驱动离心泵，把井中的流体泵送到地面，由于机泵组在套管内使用，机泵的直径受到限制，所以采取细长的形状。

水力活塞泵是利用地面泵注入液体驱动井下液压马达带动井下泵，把井下的液体泵出地面。水力活塞泵的工作原理与有杆抽油泵相似，只是往复运动用液压马达和换向阀来实现。

水力射流泵是带有喷嘴和扩散器的抽油泵，没有运动零件，结构简单，成本低，管理方便，但效率低，一般在30％～35％，造成的生产压差太小，只适用于高压高产井。一般仅在水力活塞泵的前期即油井的压力较高、排量较大时使用；当压力降低、排量减少时，改用水力活塞泵。

2）气举采油法

当油层能量不足以维持油井自喷时，为使油井继续出油，人为地将天然气压入井底，使原油喷出地面，这种采油方法称为气举采油法。

气举采油原理为：依靠从地面注入井内的高压气体与油层产出流体在井筒中的混合，利用气体的膨胀使井筒中的混合液密度降低，从而将井筒内流体举出。气举采油法示意图如图50-1所示。

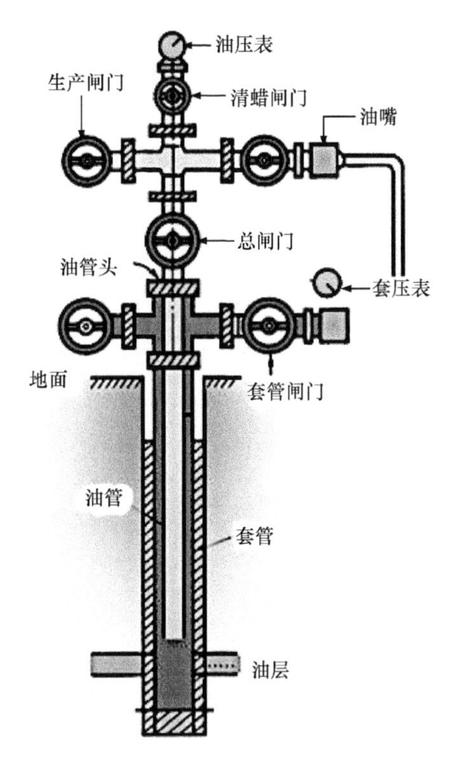

图 50-1　气举采油法示意图

(1) 气举按注气方式可分为连续气举和间歇气举。连续气举就是从油套环空(或油管)将高压气体连续地注入井内,排出井筒中的液体,适用于供液能力较好、产量较高的油井。间歇气举就是向油套环空内周期性地注入气体,气体迅速进入油管内形成气塞,推动停注期间在井筒内聚集的油层流体段塞升至地面,从而排出井中液体的一种举升方式。间歇气举主要用于井底流压低、采液指数小、产量低的油井。

(2) 气举方式根据压缩气体进入的通道分为环形空间进气系统和中心进气系统。环形空间进气是指压缩气体从环形空间注入,原油从油管中举出;中心进气系统与环形空间进气系统相反。

第 4 部分　水下工艺设备

51　水下增压设备

水下增压设备主要有井筒外电潜泵、水驱海底增压泵(单相泵、多相泵)(图 51-1)、电驱海底增压泵(单相泵、多相泵)、水下湿气压缩机。

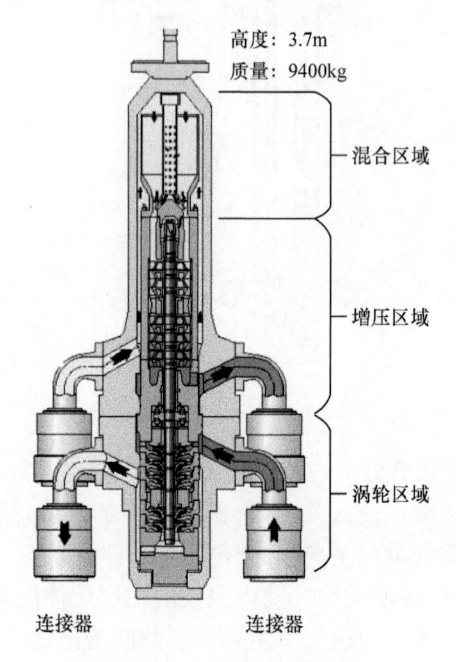

图 51-1　水驱海底增压泵

水下增压设备按照流体特性可分为水下增压泵和水下压缩机。水下增压泵是较为成熟的水下生产工艺设备[64](图 51-2)，按原理可分为容积式水下增压泵和离心式水下增压泵，其中容积式水下增压泵基本为螺杆泵，螺杆泵的代表厂商是 Bornemann 公司。目前水下增压泵最深的安装记录是 BP 公司在墨西哥湾的 King 油田，水深达 1670m，距离 Marlin 张力腿平台 24km，其水下增压泵站包括泵管汇以及可回收的多相流泵单体，整个泵站由 Aker Solutions 公司集成，采用的是 Bornemann 公司的双螺杆泵以及 Siemens 公司的电机[65]，由吸力桩基础支撑。通过应用水下增压泵，BP 公司预计该油田产量可提高 20%，采收率可提高 7%，油田的经济寿命可延长5年。

图51-2　水下增压泵模块

水下压缩机(图51-3)按照对生产气体是否进行处理可分为水下干气压缩机和水下湿气压缩机,其中水下湿气压缩机适用于气体含量超过95%的气田,无须对气源进行处理,因此具备较大的优势[66]。世界上第一台水下湿气压缩机用于挪威的Ormen Lange气田,将井口产出气体直接输送至120km以外的陆上终端,由

图51-3　水下压缩机及压缩机模块

Aker Solutions 提供水下湿气压缩站以及负责整个 EPIC 工程，压缩站包括 Aker Solutions 提供的分离器、防段塞冷却器、泵以及与 GE 公司合作开发的电机和压缩机，应用水深可达 900m[67]。Framo 公司和 FMC 公司同样可以生产水下压缩机。

52　电驱水下增压泵的应用类型和组成

电力驱动的水下增压泵简称电驱水下增压泵，可分为双螺杆泵、离心泵、螺旋轴流泵，目前电驱水下离心泵、螺旋轴流泵、双螺杆泵已得到较多应用，属较成熟的产品(图 52-1)。通常这些泵和电动机橇装在一个筒形承压壳体内，与外界无动力密封，其主要特点及优缺点如表 52-1 所示。

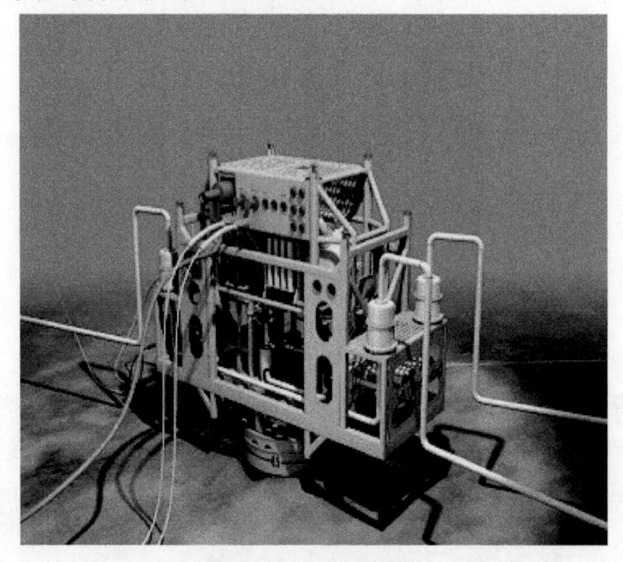

图 52-1　水下增压泵

表 52-1　电驱水下增压泵主要特点及优缺点

泵型	电驱水下增压泵
主要特点	除湿式接头、电动机驱动外，泵的设计与水泵增压泵相同； 其无故障运行时间≥2 年，最长无故障运行时间为 10 年
优点	陆丰 22-1、西非 Zefario 等油田的使用证明其技术是可靠的； 安装在采油树外部； 只需一次连接就可连接到水下生产系统上
缺点	与电潜泵相比，设备费用较高； 功率较大，远距离使用时需水下变压装置(专门设备)
说明	如井口最低压力≤0MPa，则不考虑使用； 如井口最低压力>0MPa，则可以与水驱泵、井下电潜泵综合比较

电驱水下增压泵包括以下组件：

(1) 水面单元,包括上部输配电和控制系统；

(2) 水下单元,包括泵、承压筒体、高/低压湿式电接头(根据需要选用)、水下输配电设施(根据需要选用)；

(3) 修泵工具,包括下入工具；

(4) 控制脐带缆终端接头(UTH)和跨接管等。

电驱水下增压泵的组成及设计原则如下。

1) 泵壳及泵体

电动机与泵密封在一个柱状筒形成橇模块内,泵的叶片安装在电动机转子的延伸部分,其中包括密封液和润滑冷却液供应单元,以保证泵和电动机内的液体连续循环流动。

2) 轴

用于带动电动机转子和叶片旋转,其设计应符合 API 610 中的要求[68]。

3) 电动机

采油油浸、高压鼠笼式感应电动机,其中绝缘介质也是润滑冷却液,其额定电压和额定频率根据需要选择,电动机绝缘等级为 F 级,其制造应符合相关的 IEC 34 标准。

4) 高压湿式电接头

高压湿式电接头是一个高度完整的销型、全压力平衡装置,该系统中充满了油或电绝缘液,可在一定程度上补偿湿式电接头长时间在高压、变频强电流工作状态下引起的热膨胀。该接头由两部分组成：一部分为插头,为泵芯总体的一部分；另一部分为插孔,它是安装在泵筒的跨接式终端头的一部分。目前在陆丰 22-1、硫化 11-1 使用了额定电压等级为 1100kV、最高电压为 5500kV 的湿式电接头。

5) 高压动力穿透器

电动机的电源由电动机外壳上的高压动力穿透器提供。

6) 轴承

需考虑径向载荷和没有附加平衡装置的条件下可能引起轴向力的不平衡,所有的径向轴承和轴向轴承均选用倾斜填料轴承,其轴承垫上有聚合物涂层,与常规的金属轴承相比,可支持的载荷较大。因此,在泵的推力轴承中倾向使用此类产品,其最短使用寿命为 40000h。

7) 机械密封

机械密封用于隔离生产液,为电动机、轴承提供良好的工作环境。用于水下增压泵特别是多相泵的机械密封是经过多年研制、测试和优化设计的专门产品。主要设计要求如下：

(1) 密封液在密封面内侧,流体在外侧,由于离心力作用,沙粒等杂质远离密封面。

(2) 密封液压力高于流体，同时在压力范围内最大转速可达 6000r/min。

(3) 设计静压力应与内部的润滑冷却液系统和外部流体形成正压，泄漏最小化。

(4) 密封能够在比较大的压力和温度变化范围内正常工作，而且使由于压力温度变化引起的密封面磨损降到最小，所以较之常规的密封，其所需要的密封液量较大，为 100～150mL/h，从而保证变转速条件下油膜的形成。

(5) 润滑冷却液的压力略高于水下增压泵的出口压力，当出口压力为 40bar ($1bar=10^5 Pa$)时，进口处密封的运行压力为 55～60bar。

8) 润滑冷却液供应系统

润滑冷却液供应系统的主要功能是使泵芯具有过压功能，并提供泵芯内部的冷却和润滑。通常水下增压泵的润滑冷却液供应系统比较简单，润滑冷却液供应系统(液压动力单元(HPU))安装在依托设施上，通过复合动力缆内部润滑冷却液供应软管输送到水下增压泵内部，保证电动机和泵系统相对环境和流体为正压力，设计时也要考虑机械密封处向流体侧的少量泄漏。润滑冷却液供应系统的功能如下：

(1) 润滑电动机和泵。

(2) 正压保护。

(3) 作为电动机冷却介质。

(4) 作为电动机绝缘介质。

(5) 作为电动机和泵的内部腐蚀保护介质。

润滑冷却液通过安装在泵轴上的离心叶轮和油冷却系统在泵内循环，外部冷却通过电动机外部的冷却盘管完成。

9) 动力供应系统

动力供应系统由上部电力单元、海底电缆、水下变压器和水下海缆终端、湿式电接头等组成，用于将所需动力输送到每台水下增压泵，在海底电缆中有一根润滑冷却液供应管线，以保证泵、轴承、密封系统的正常工作。

10) 环境密封

泵芯壳体上背靠背安装有多套环境密封装置，为泵芯外表面和泵筒内表面提供密封，外部密封的重要作用是隔离泵的进口和出口，相对于周围的环境，它是一个双密封屏蔽构件。

53 水下湿气压缩机的适用范围

水下湿气压缩机适用于较高气体体积含量(GVFs)的场合，水下湿气压缩机气体体积含量正常操作范围为95%～100%。经过压缩后的湿气体积缩小、压力提高，这就使水下设备和依托设施之间管线的管径变小，从而大大节约了投入资金，如图53-1所示。

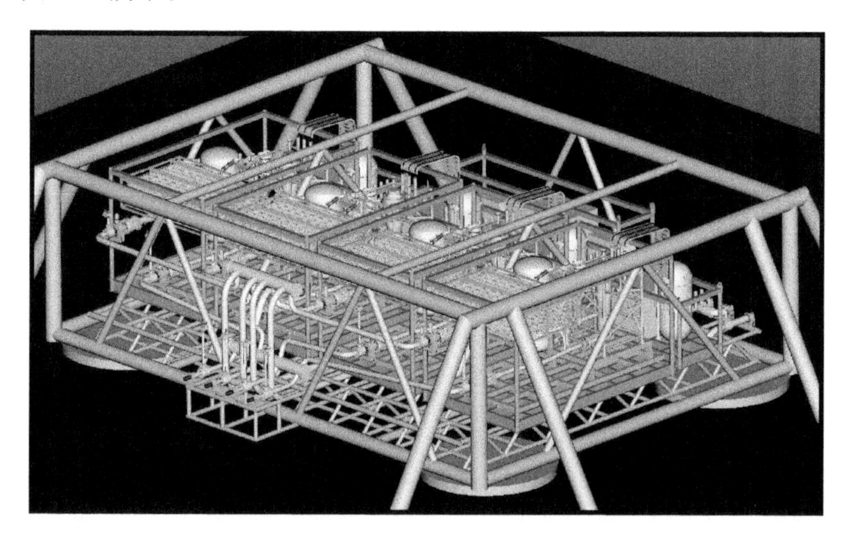

图53-1　FMC公司的水下湿气压缩模块

54　水下段塞流捕集器的定义及主要特点

1）水下段塞流捕集器的定义

现阶段国内外大规模海上油气开发越来越多，油气田内部集输通常采用混输工艺，能简化集输工艺和节省投资，但较长的输送距离往往造成集输管道凝析液量较大，而清管作业无疑让集输管道段塞量大幅度增加。因此，为了解决管道段塞流对处理厂装置的影响，集输管道末端往往考虑设置段塞流捕集器，以处理管道凝析液和清管造成的段塞流。

水下段塞流捕集器可安装在立管基座处来捕捉和分离进入的气塞和液塞。经过水下段塞流捕集器的气体可自由流向立管，而液体被泵送到另一个立管以减小由液体静水压头引起的系统背压。这样的系统已在油气田被成功安装和应用，但是该技术成本较高，并且需要使用井下泵（电潜泵），该泵需要回收，以进行日常维护。

2）水下段塞流捕集器的常见形式

国内外油气田集输工艺中，常见的段塞流捕集器一般可分为容器式段塞流捕集器和多管式（指式）段塞流捕集器，这两种捕集器在结构形式上区别较大，但在实际使用中各有优点。

(1) 容器式段塞流捕集器。

容器式段塞流捕集器通常形式有卧式和立式，卧式更为常见，由单罐或多罐、缓冲板、捕雾器和防涡器组成，典型的卧式段塞流捕集器如图 54-1 所示。

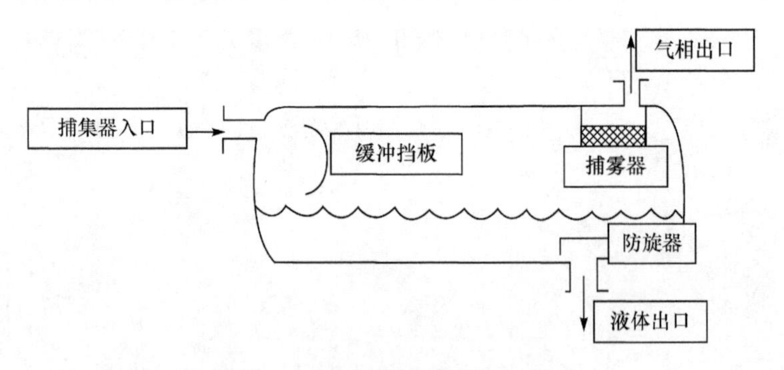

图 54-1 典型的卧式段塞流捕集器

(2) 多管式段塞流捕集器。

多管式段塞流捕集器一般由分流器、段塞分离段、段塞收集段和段塞储液段、立管、沉液管以及平衡管束等组成，多管式段塞流捕集器的各个管段在坡度和长度上有所不同，在特定情况下还会设置没有坡度的积液管段，用于液液分层和储液。典型的多管式(指式)段塞流捕集器如图 54-2 所示。

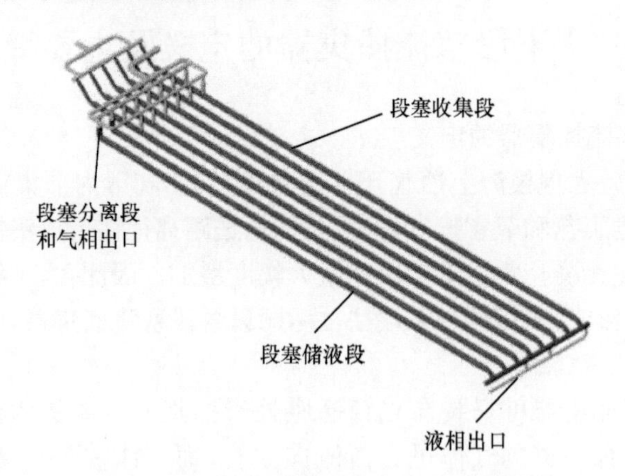

图 54-2 典型的多管式(指式)段塞流捕集器

3) 段塞流捕集器的动力特性和控制原理

(1) 动力特性。

段塞流捕集器与普通分离器的分离原理最大的区别在于段塞流捕集器必须能够有效地适应由于液体段塞进入分离器引起的流量大幅度波动。其发生原因是管道中有段塞流，或是段塞向上流动，经立式管道进入分离器。无论是哪一种情况，均须采用一定的方法预测段塞流捕集器需要增加的体积。

液体段塞以及与之相关的气泡的动力特性发生在它们沿管道流动、在立式管道中上升以及进入分离器时。当液体段塞进入立式管道底部时,重力作用会将其减速,使尾随的气泡受到压缩。这样持续下去,直到气泡的压力足以克服重力的作用,使液体段塞持续在立式管道中上升,进入段塞流捕集器。最后尾随的气泡进入立式管道底部,重力作用减少,致使段塞尾部在立式管道中上升,并以明显高于平均流速的速度进入段塞流捕集器中。此时,预计在段塞流捕集器中的液位最高,相应地,留给气流和泡沫的体积则最小。

当气泡段进入段塞流捕集器时,由于气泡压力较高,分离器的压力很快增加,这一效应加上分离器中供气体用的最小体积,使气体通过分离器的流速最高。如果段塞流捕集器的外形尺寸不足,在上述临界时间内,可能有泡沫被带进出气管道。当气泡段出现时,从与气泡相随的液膜中进入的液体产量很低。因此,段塞流捕集器的液面下降,最后达到最低值。

当下一个液体段塞进入立式管道底部时,整个过程又重复出现,其差别只是因下一个液体段塞及气泡大小的不同而变化幅度不同。

(2) 控制原理。

段塞流捕集器的液体以及气体出口管道上的调节阀直接决定了段塞流捕集器对进来的段塞的反应。为了有效维持段塞流捕集器的压力恒定,通常由压力调节阀来控制气相出口,由液位调节阀来控制液相出口。压力调节阀和液位调节阀的外形尺寸务必要合适,同时还需要调整其相应的控制系统,以此来保障下游流程和段塞流捕集器功能的正常发挥。因此,是否能够成功地应用采油设备,在很大程度上取决于能否合理地调整和选择控制系统及调节阀。液位调节阀的流量系数通常设定为所需通过平均流量的1.25~2倍,以此来保证其处于较好的控制范围内,且在后续流程中不会产生过大的流量波动。

液体控制系统主要包括确定液面控制器的增益和设定点,以及阀流量特性。液面控制器的增益和设定点的确定在现场应用中大多凭借实践经验,以全系统特性为基础来进行设定。随着段塞流的不断进入,液面的波动也处于不断变化的状态中。由于液体不会超过高液面,也不会低于低液面,所以,可以对液面控制器的增益进行调整,使得当控制阀在高液面时能够保持液位全开的状态,压力调节阀关闭的设定点则取低液面。为了补偿动力效应的影响,必须考虑增加段塞流捕集器的外形尺寸,因为只有这样,才能使之按动力学模式工作。

压力调节阀的作用是使段塞流捕集器的压力维持在恒定状态,可以将压力调节阀的流量特性假定为线性,流量系数设定为最大流量(1.3倍平均流量),复位时间和增益则调整到压力波动不超过段塞流捕集器设定操作压力的10%。

55　水下分离器的定义及其优势

目前阶段，我国的油气田进入高含水期。为了缩短建设周期，节省投资，水下油气开采多采用水下生产系统来完成气液分离、油水分离、泥沙处理等工序，其中水下分离器安装在管线上游末端，将产出流体进行分离，主要优势包括：

(1) 减少平台甲板的负荷和面积，解决了平台运动时处理效果降低的问题，降低了平台的投资成本。

(2) 可开发距离平台较远的、比较孤立的、储存量较少的油气田。

(3) 因为水下分离器先从混合流体中分离天然气，所以降低了油、气、水三相流体混输时管道的摩擦阻力。

(4) 在海底脱水不但减少了水面上水处理设备的数量，还减少了海底管线的流量。

(5) 降低了长距离输送管道中形成水化物的危险，使得化学药剂的使用减少，从而降低了生产成本。

(6) 因为在分离器中对气、液进行了分离，所以可避免立管中出现严重的段塞流，又可以采用常规离心泵来举升液体，提高流体输送效率。

56　水下分离器的主要类型及工作原理

水下分离器的分离方式有很多种，根据分离原理的不同，可将水下分离器分为重力式水下分离器、离心式水下分离器和碰撞聚结式水下分离器等。

1) 重力式水下分离器

重力式水下分离器基于斯托克斯公式原理，利用流体组分之间存在密度差，在一个相对平衡的系统里，混合物会以一定的比例形成油相和水相，在这个系统中相对较轻的组分油为层流状态，比较重的组分水会以一定的运动规律进行沉降。图 56-1 是典型的卧式三相分离器结构示意图，混合流体进入分离器后，首先经过导流片撞击到聚结板，这时流体的速度和方向突然改变，气、液在此时完成预分离。预分离后的液体进入分离器集液区，经过充足的沉降时间后，水沉到底层而油聚集到上层，油液溢过堰板进入油室，下层的水相通过水出口离开分离器。预分离后的气体中带有较大的液滴，经除雾器后，液体流回分离器内，气体通过气出口离开分离器。

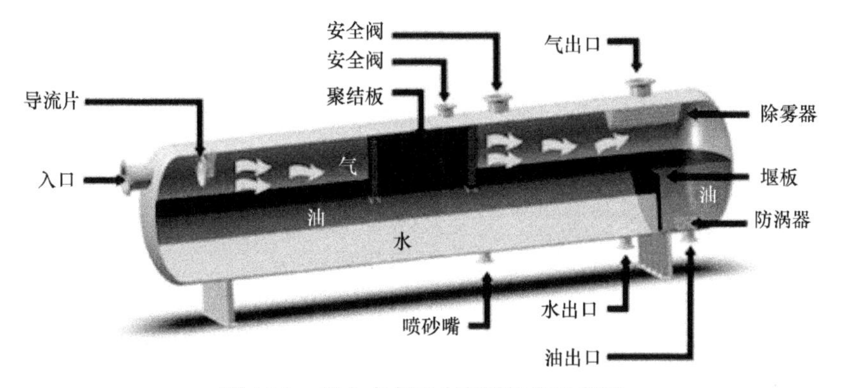

图 56-1　重力式水下分离器结构示意图

2）离心式水下分离器

离心式水下分离器是利用流体做回转运动时各组分产生的离心力不同而进行分离，因为其气液重力差小于离心力差，所以占用空间小，分离效率较高，但是分离压降大，而且流速对分离效率的影响很大，仅仅是在入口处利用离心力分离原理，使流体切向进入而做简单回旋流动，所以它在 20 世纪 80 年代前并不常用。80 年代后开始出现一种新型分离器——旋流分离器，其结构示意图如图 56-2 所示。旋流分离器的工作原理是混合流体沿切线方向以一定的速度从侧面进入旋流器，根

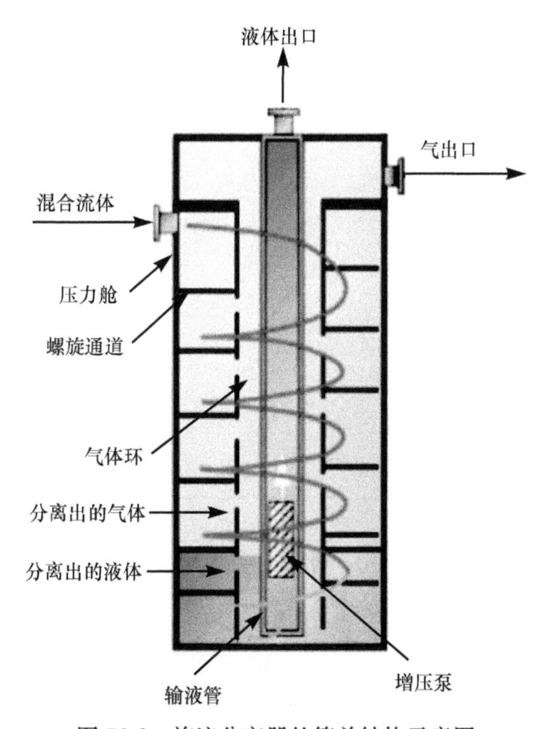

图 56-2　旋流分离器的简单结构示意图

据旋流器的形状做旋转运动，由于重力作用，混合流体不断运动到分离器底部，这时流体在离心力的作用下发生相分离，重的液体会在分离器底部，较轻的液体（油）在圆柱底部中心聚集，通过增压泵运送至平台。

离心式水下分离器的分离效率很高，可以使分离器的尺寸大大减小，节省投资成本，但是该系统的启动步骤比较复杂，造成停运的因素较多。

3）碰撞聚结式水下分离器

碰撞聚结式水下分离器是利用沉降分离和碰撞的原理进行分离，当混合流体在流道内碰到障碍物时，开始初级碰撞分离，此时流体夹带的液滴与障碍物发生碰撞，并附着在障碍物上，进而被分离出来，然后与其他颗粒聚结在一起，最后完成分离。

20 世纪 70～80 年代，水下分离器主要采取的分离方式是重力式和碰撞聚结式。进入 90 年代，离心式水下分离器得到了快速发展。但是，由于重力式水下分离技术比较成熟，而且结构简单，操作方便，可靠性高，所以在目前的实际生产中仍然占主导地位。

第5部分　水下连接设备

57　海底管道的种类及与水下设备的连接方式

水下油气开采时所使用的海底管道按其使用目的可分为外输管道、油气田内部转运管道、平台与外输管的连接管道、水或化学品运输管道等类别。海底管道按铺设状态来分包括平铺在海床上的管道、挖沟不埋管道和挖沟浅埋管道等形式。海底管道的运行状态除包括上述的铺设状态外，还包括因地形或波浪、海流的掏蚀和冲刷作用导致的悬空状态。

海底管道与水下设备的连接方式主要有如下七种。

1) 跨接管(jumper spool)连接

跨接管连接采用预制跨接管作为“中间桥梁”，对海底管道与设备进行连接。跨接管连接是海底管道终端连接的理想方式，对于垂直连接和水平连接均可适用，应用十分广泛。卡爪式连接器、卡箍式连接器以及深水螺栓法兰连接器均可用于跨接管连接[69]。

(1) 垂直跨接管。

采用卡爪式连接器的垂直跨接管(图57-1)连接过程如下：

① 跨接管携带连接器装置(包括连接器、密封元件等)下放，到达被连接的管端面(Hub)上方，通过导向装置完成初步对中。

② 跨接管继续下放，通过张开的卡爪引导完成最终对中，两Hub面接合。最终对中允许有一定的对中偏差。由ROV操控软着陆液压机构，控制两Hub面靠近、对中到接合的速率，以避免对密封元件造成破坏。

③ ROV操作，使连接器内部的锁紧液压缸膨胀，推动驱动环向下移动，使卡爪闭合，抓牢两对接Hub面，并对密封元件施加预载荷，形成密封。

④ 密封试压。试压合格后，回收ROV等辅助作业工具，连接完成。

(2) 水平跨接管

采用深水螺栓法兰连接器的水平跨接管(图57-2)连接过程如下：

① 提管架吊放入水，将跨接管和海底管道从海床上抬起，对管道之间相对位置进行粗调，为连接作业做好准备。

② ROV携带辅助连接工具(轴向对准机具和接应机具)吊放入水，将两根待连接管道拉近，形成对接区域，同时调整管道同轴度完成管道对中。

图 57-1 垂直跨接管

③ ROV 携带螺栓法兰连接器吊放入水，完成管道法兰的螺栓连接。

④ 密封试压。试压合格后，ROV 携带作业机具返回，连接完成。

图 57-2 水平跨接管

通过跨接管连接出油管道末端和水下设施上的连接点，常用来连接相邻的水下设施。

2）牵引法连接

牵引法连接不采用“中间桥梁”，直接将海底管道拉到连接点进行连接。牵引法连接对于海底管道的起始端连接和终端连接均可适用。

牵引法连接过程如下：

(1) ROV 将牵引绳系到海底管道拖管头上。

(2) ROV 操作牵引绳绞车，将海底管道拉向连接点，由管道引导装置完成管道对中。

(3) ROV 操作管道连接器完成 Hub 对接。

(4) 密封试压。试压合格后，ROV 携带作业机具返回，连接完成。

3) 垂直引导式水平连接

垂直引导式水平连接首先将管道垂直下放、引导到连接点，然后旋转至水平方向，与水下设备进行连接。垂直引导式水平连接是理想的起始端连接方式，通常用于在没有任何其他铺管起始点支持的情况下，为深水铺管作业提供安全的起始点。

垂直引导式水平连接过程如下：

(1) 管道垂直下放至水下接应装置上方。

(2) 管道继续下放，管端垂直引导头插入接应装置的对接孔，完成管道定位。

(3) 管道旋转 90°至水平，准备连接。

(4) ROV 辅助完成连接。

4) 接插法和铰接法连接

接插法和铰接法连接是将海底管道端部垂直下放到海底，并锁定到水下结构物上，海底管道随着铺管船的移动铺设到预定位置，同时，海底管道铰接装置转动到最终位置完成连接。

5) 直接铺管法连接

直接铺管法连接是将管道从铺管船牵引到水下设备安装船的月池，并与水下设备连接。当水下设备下放到海底时，铺管船放松管道并驶离水下设备安装船，将管道铺设到海底。

6) 偏斜法连接

铺管船沿海底管道在预定位置预装浮筒和锚链，当管道末端安装到预定目标区域后，回接船松开链条。随后，管道末端的牵引头通过钢丝连接起来，经由水下设备到所要连接的管道，直到引入绞车。最后偏转管道，使牵引头放置在水下结构的连接端，使用牵引和连接工具连接。

7) 垂直连接

垂直连接的管道端部装有液压驱动的连接器，安装时，连接器直接坐落到水下结构物上的垂直对接口内。对接安装后，可通过 ROV 或水上的液压动力管将连接器锁入对接口。

58 与海底管道连接相关的专用连接设备

与海底管道连接相关的专用连接设备主要有如下几种。

1) 多功能管道连接器

多功能管道连接器一般用于多芯管道的连接。

2) 安全接头

安全接头可在达到预定的最大结构载荷时最先失效，以保护整个管道系统安全。

3) 牵引工具

牵引工具用于牵引和对中位于水下设施、生产平台等的出油管道、脐带缆末端等。

4) 连接工具

连接工具是通过驱动卡箍、专用连接器或其他装置将连接器的两部分装配起来的装置。

5) 组合牵引/连接工具

组合牵引/连接工具兼有牵引工具和连接工具的功能，可通过修井控制系统或专用维修控制系统从水上或通过 ROV/潜水员在水下进行控制。

59 水下跨接管的定义和类型

跨接管是一个较短的管状连接元件，典型的跨接管在管子的两头分别有一个终端连接器，广泛用于海洋油气田水下设备之间的连接。深水跨接管要能够承受海底压力和温度变化引起的膨胀力，适应海底的不规则地形，并且与相应的端部连接器配套。根据管子的不同，跨接管可分为刚性跨接管和柔性跨接管。

1) 刚性跨接管

刚性跨接管的管子是刚性的，主要有 M 形(图 59-1)、倒 U 形(图 59-2)、Z 形、拱形等典型形式，刚性跨接管示意图如图 59-3 所示。

在海底采油树和管汇、管汇和管汇等之间的跨接管基本上都是刚性跨接管，它们通常水平地放置在海底。当水下的硬件设备都安装完毕时，它们之间的距离就确定下来，这时就可以精确地制造跨接管。

图 59-1　M 形跨接管

图 59-2　倒 U 形跨接管

图 59-3　刚性跨接管示意图

2）柔性跨接管

柔性跨接管主要由两个终端接头以及接头之间的柔性管组成，与刚性跨接管相比，柔性跨接管的最大优点是可以承受较大的变形，并且长度灵活，能够适应海底的不规则地形，允许井口间距及方向有所变化，安装方便。悬跨管道通常采用柔性跨接管，海洋平台的立管采用柔性跨接管可避免大的变形和涡激振动引发的疲劳破坏。在边际油气田开发中，采用柔性跨接管也有一定优势，尽管其造价相对较高，但它更易铺设和回收，因此可以降低综合成本。柔性跨接管主要用于除输送油气和连接水下终端外，也可用于分离船体的刚性隔离管和 FPSO 的隔离管。

60　跨接管的连接方式及其优缺点

一般情况下，跨接管连接方式分为垂直连接和水平连接，其优缺点如表 60-1 所示。垂直跨接管和水平跨接管如图 60-1 和图 60-2 所示。

表 60-1　水下连接方式对比

连接方式	水平连接	垂直连接
优点	跨接管重心低，适合大管径且悬跨距离长的硬管连接； 有利于流动保障； 是受渔业活动影响频繁地区的首选连接方式； 利于水下生产设施回收，无须将跨接管整体拆除； 有利于安装保温装置	依靠重力作用即可完成管道对中，无须管道牵引操作，节省作业时间； 依靠重力作用完成管道对中，无须管道牵引工具，对连接工具要求较低； 总体费用较低
缺点	管道对中需要专用管道牵引工具，对连接工具要求高； 管道对中需要牵引操作，连接作业流程复杂且耗时较长； 总体费用较高	跨接管垂直方向转折处容易形成水合物，不利于流动保障； 垂直跨接管容易与其他设施发生干涉，容易受拖网影响； 不适用于大管径且悬跨距离长的硬管连接； 不利于水下生产设施回收，因为需先拆除其上跨接管

图 60-1　垂直跨接管

图 60-2　水平跨接管

61　刚性跨接管与柔性跨接管的区别

刚性跨接管与柔性跨接管的优缺点如表 61-1 所示。刚性跨接管与柔性跨接管示意图如图 61-1 所示。

表 61-1　刚性跨接管和柔性跨接管对比

跨接管类型	刚性跨接管	柔性跨接管
优点	硬管材料费用较低； 适用于高温/高压场合	不需要精确的水下连接位置测量，可缩短海上作业时间； 安装柔性好； 具备一定的保温性能
缺点	需要精确的水下连接位置测量，增加了水下作业难度及时间； 跨接管只能根据水下现场连接测量结果临时预制，增加了海上作业时间； 硬管柔性差，残余载荷大； 自身保温性能差	软管材料及配件贵； 不适用于高温场合； 不适用于高内压、高外压且大管径场合； 不适合深水应用

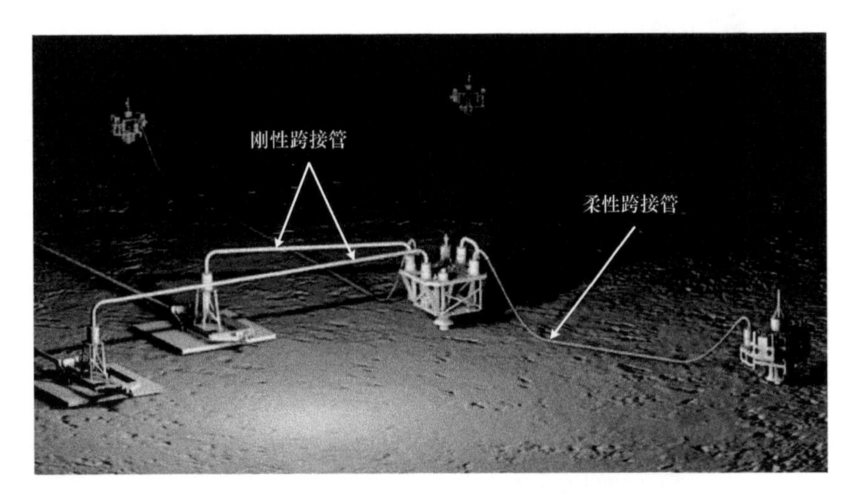

图 61-1　刚性跨接管与柔性跨接管示意图

62 跨接管设计阶段必需的计算分析

跨接管设计阶段必需的计算分析如下：

(1) 在位强度分析。需要考虑的影响因素包括海管膨胀长度、海管倾斜角度、端点位移(与跨接管相连的PLET、井口、管汇等的沉降)、重力、热、浮力。

(2) 疲劳分析。包括低循环疲劳，涡激振动(VIV)疲劳。

(3) 吊装分析。

(4) 海上安装分析等。

63 跨接管设计阶段需要考虑的影响因素

在跨接管的设计阶段需要综合考虑各方面的影响因素，主要包括：

(1) 制造工艺。

(2) 吊装、装船固定和海上运输。

(3) 海上起吊参数(起吊半径、吊高等)。

(4) PLET 的稳定性。

(5) VIV 疲劳寿命。

跨接管的装船固定和海上运输如图 63-1 所示。

图 63-1 跨接管的装船固定和海上运输

CAT 代表连接器驱动工具(conrecter actuating tool)

64　跨接管的海上安装程序

跨接管的海上安装程序一般包括：

(1) 从运输船上起吊跨接管。

(2) 垂直下放。

(3) 与水下接收结构对接。

(4) 用 ROV 完成跨接管与接收结构的连接。

(5) 回收连接器和撑杆。

从运输船上起吊跨接管如图 64-1 所示。

图 64-1　从运输船上起吊跨接管

65　用于连接水下设备的遥控式水下机器人工具的分类

当前，用于连接水下设备的远程操控 ROV 工具包括以下几类。

1) 扭矩工具。

ROV 操作的扭矩工具如图 65-1 所示。

2) 机械手

ROV 根据装配方式，可能有各种装卸“臂”，“臂”上装配称为抓手的终端“手”，ROV 通常有两个机械手，机械手的复杂性随自由度的变化而变化。目前常用的有五功能机械手、七功能机械手、九功能机械手，如图 65-2 所示。

图 65-1　ROV 操作的扭矩工具

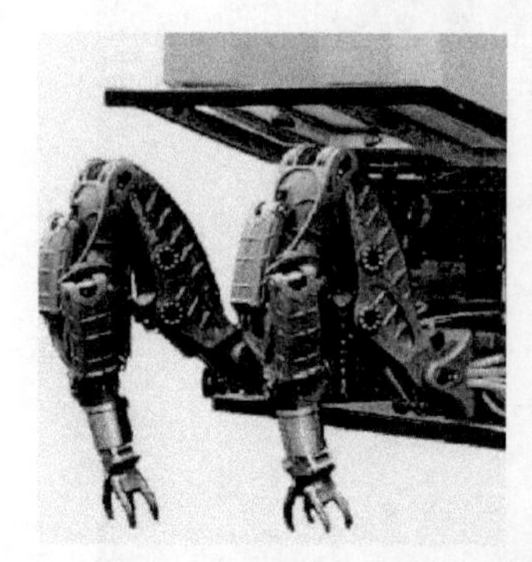

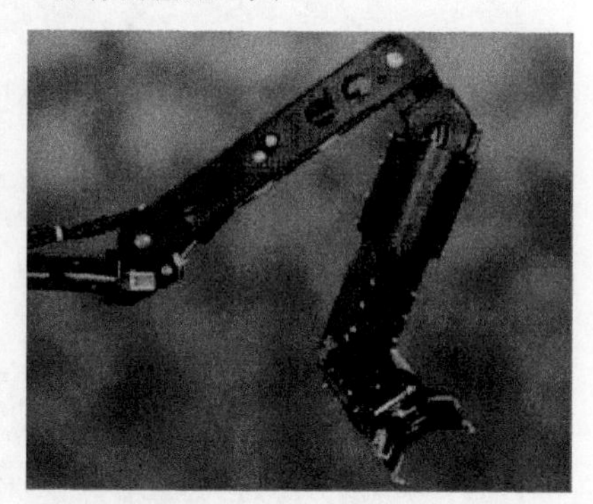

图 65-2　ROV 机械手

3）快速接口

快速接口用于将液压液导入，以供测试、化学药剂注入、提供液压动力来驱动连接器或驱动器之类的装置，如图 65-3 所示。

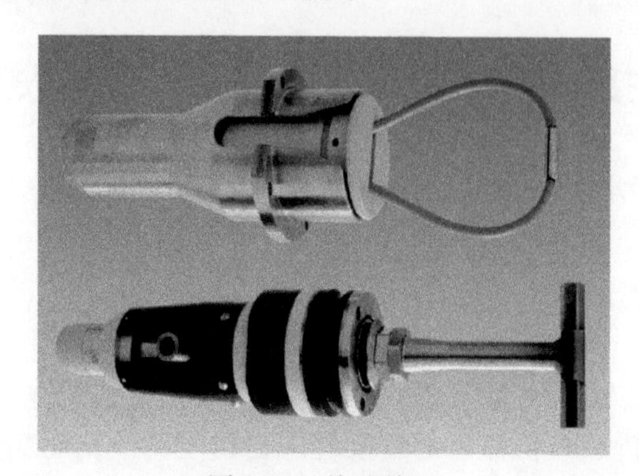

图 65-3　快速接口

4）工具下放装置

工具下放装置(TDU)能够帮助水下设备准确定位以及与 ROV 的安全对接，可携带大量小型工具用来连接和断开生产管道夹卡件，操纵阀门和执行快速连接作业，如图 65-4 所示。

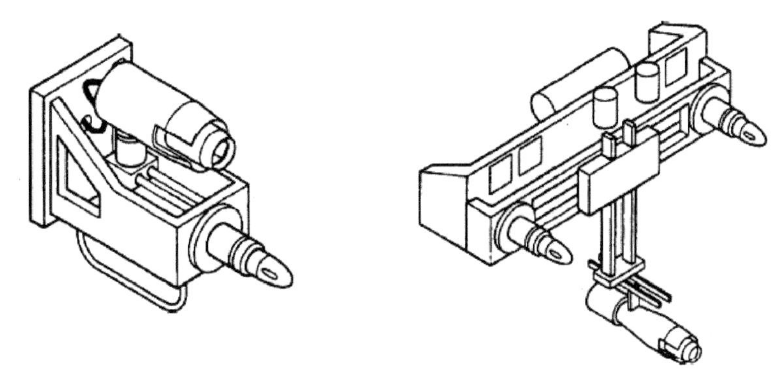

图 65-4　工具下放装置

66　水下连接器的定义及类型

水下连接器是安装在海底管道端部，由潜水员或 ROV 借助辅助作业工具操作的，用于管道与管道间或管道与水下设备之间连接的水下作业工机具。按照连接形式，水下连接器可分为以下几类。

1）栓结法兰

采用带金属垫圈的 API 法兰(固定式或旋转式)进行水下设施端部连接，可由潜水员(穿戴单人系统铠装硬质潜水服(ADS)，达到作业水深约 750m)完成操作，优点是硬件相对便宜，如图 66-1 所示。

图 66-1　栓结法兰

2）卡箍

采用API卡箍或专有型号的卡箍作为连接器，通常卡箍接头的连接要比栓结法兰安装速度快，如图66-2所示。

图66-2 卡箍

3）专用连接器

专用连接器是为完成管道端部对中、锁定和加强密封而专门设计的水下接头，可分为机械式连接器和液压式连接器，如图66-3和图66-4所示。

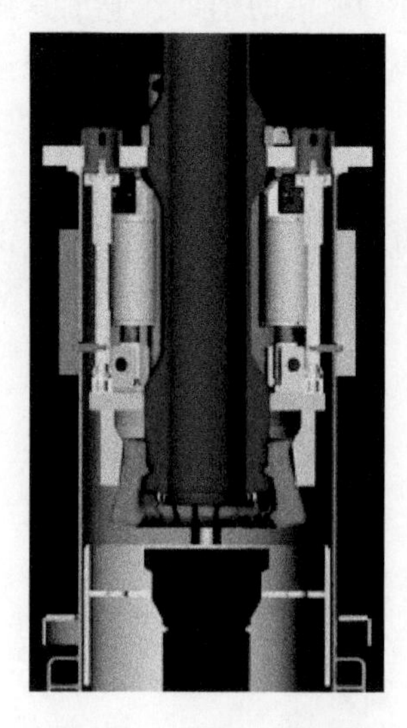

图66-3 机械式连接器

图66-4 液压式连接器

通常在高压舱或与周围水压相等的充满惰性气体的高压舱中采用干式焊接完成。

67　当前水下生产系统应用最广泛的专用连接器

当前水下生产系统应用最广泛的专用连接器包括卡爪式(套筒式)连接器和卡箍式连接器,二者均可用于垂直方向和水平方向的连接。

1) 卡爪式(套筒式)连接器

卡爪式连接是快速连接方式的一种典型结构,在工作原理上与卡箍式连接较为接近,但是连接过程所需的时间较短,总体成本较低,技术要求较高。卡爪式连接彻底放弃了螺栓连接,因此完全回避了螺栓在深水环境下的精确对中以及复杂的预紧动作,在水下安装时仅有管道的对中要求,并且其安装动作简单,安装周期较短,安装机具也相对简单,可节省海上作业费用,对中精度适中,结构复杂,外形尺寸小,节省材料,拆卸方便、快速,属于典型的快速连接技术。

卡爪式(套筒式)连接器的优点为连接器结构简单,安装完成后海底不留液压部件,在油气田开发规模较大的情况下单元成本低;缺点为连接器操作既需借助专用安装工具,也需借助独立的保温橇来实现保温等。

卡爪式(套筒式)连接器如图 67-1 所示。

图 67-1　卡爪式(套筒式)连接器

2) 卡箍式连接器

相对于卡爪式连接器,卡箍式连接器应用相对较少。图 67-2 是比较典型的两瓣式卡箍连接器和三瓣式卡箍连接器。它的主体结构由相互铰接的两瓣或三瓣卡箍瓣组成，并通过拉紧螺栓完成卡箍闭锁。拉紧螺栓由 ROV 携带相应力矩扳手完成拧紧和放松动作。其基本工作原理是：当上、下法兰连接体凸缘完成对接后，ROV 携带力矩扳手进行拧紧，使卡箍瓣闭合，卡住凸缘的两端，实现锁紧。

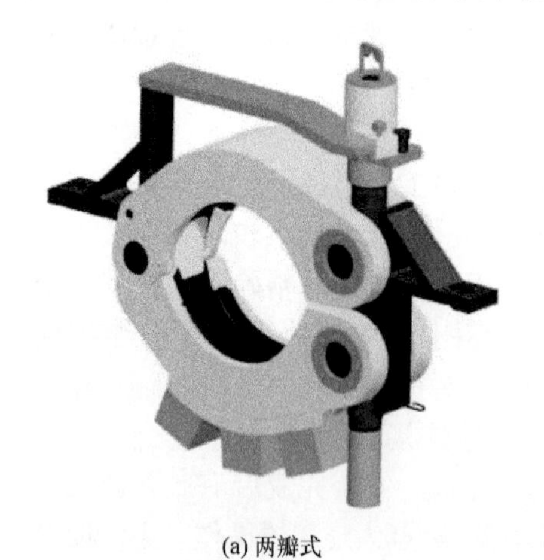

(a) 两瓣式

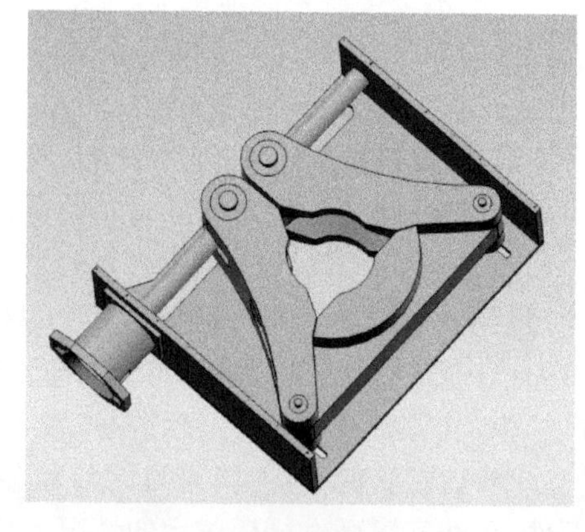

(b) 三瓣式

图 67-2 典型卡箍式连接器结构

卡箍式连接器的优点为连接器操作无须借助专用安装工具即可完成，无须借助独立的保温橇即可实现保温；缺点为安装完成后的液压部件将永久置于海底，在油气田开发规模小的情况下单元成本高等。

卡箍式连接器如图 67-3 所示。

图 67-3 卡箍式连接器

68　卡爪式连接器与卡箍式连接器的对比

两种连接器在海洋工程上都有超过 20 年的使用历史，且都被证明是可靠的。由于连接原理的差异，两种连接器有许多细节上的不同。表 68-1 对比了两种连接器的优缺点。

表 68-1　卡爪式连接器和卡箍式连接器对比表

连接器类型	卡爪式连接器	卡箍式连接器
优点	无螺纹连接； 水平连接或垂直连接均可适用； 小孔径 φ101.6mm～φ304.8mm(4～12in)垂直对接的优先选择； 机械式连接器服役期内可靠性高	连接工具要求低； 结构简单、紧凑，质量轻； 总体费用低； 连接完成后没有液压元件留在水下； 孔径＞φ304.8mm(12in)水平对接记录良好； 容易对连接器装置安装永久性保温设施
缺点	结构复杂，费用高； 机械式连接器需要较为复杂的安装工具	螺纹连接性能的衰退会严重影响连接器的性能； 超过 1000m 水深时应用较少； 市场上可获得的产品较少
共性	友好的 ROV 操作面板； 允许一定的对中偏差	

69　水下连接器海上安装的精度

对于卡爪式连接器，要求其安装工具与连接器本体轴向角度偏差小于±3°；对于卡箍式连接器，要求其安装工具与连接器本体轴向角度偏差小于±2°，位置偏差小于 4in。

70　影响水下连接作业时间的主要因素

水下连接的作业时间主要取决于以下因素：

(1) 连接方法的选择。

(2) 一个阶段可完成连接作业的次数。

(3) ROV/ROT(遥控操作机具)的可靠性和适用性。

(4) ROV 操作人员的经验和相关培训。

(5) 基于 800～1000m/h 平均升降速度的相关水深。

第6部分　水下井口和采油树

71　采油树的分类

水下采油树经历了水下干式采油树、水下干湿混合式采油树、水下沉箱式采油树、水下湿式采油树四个发展阶段，各阶段采油树的特点如表71-1所示，目前普遍采用的是湿式采油树[70-72]。

表71-1　水下采油树的发展历程

分类	特征
水下干式采油树	最早的水下采油装置，采油树置于一个封闭的常压、常温舱里，维修人员可以进入其中工作。该系统复杂，配有多套生命维护系统，对操作人员有潜在危险
水下干湿混合式采油树	第二代水下采油树，其特点是可实现干/湿转换，正常生产时，采油树呈湿式状态，维修作业时，服务舱与水下采油树连接，排空海水，将其变成常温常压的干式采油树。其转化需要专用接口，系统复杂
水下沉箱式采油树	把整个采油树包括主阀、连接器和水下井口全部置于海床以下9.1～15.2m深的导管内，可有效减少采油树受海底外界冲击造成的损坏，在北海冰区有使用。其价格高于水下干湿式采油树40%
水下湿式采油树	完全暴露在海水中，结构形式简单，组成及功能与其他采油树相同。更换方便，目前使用广泛

1）水下干式采油树

水下干式采油树是最早的水下采油装置，采油树置于一个封闭的常压、常温舱里，维修人员可以进入其中工作。该系统复杂，配有多套生命维护系统，对操作人员有潜在危险，如图71-1所示。

2）水下干湿混合式采油树

水下干湿混合式采油树是第二代水下采油树，其特点是可实现干/湿转换，正常生产时，采油树呈湿式状态，维修作业时，服务舱与水下采油树连接，排空海水，将其变成常温常压的干式采油树。其转化需要专门接口，系统复杂。

图 71-1 水下干式采油树

3）水下沉箱式采油树

水下沉箱式采油树是把整个采油树包括主阀、连接器和水下井口全部置于海床以下 9.1～15.2m 深的导管内，可有效减少采油树受海底外界冲击造成损坏，在北海冰区有使用。水下沉箱式采油树价格高于一般的水下湿式采油树 40％。

4）水下湿式采油树

水下湿式采油树完全暴露在海水中，结构形式简单，组成及功能与其他采油树相同，更换方便，目前广泛采用。按照湿式采油树上三个主要阀门（生产主阀、生产翼阀及井下安全阀）的布置方式，水下湿式采油树可分为水下立式采油树和水下卧式采油树，如图 71-2 所示。

(1) 水下立式采油树。

水下立式采油树（图 71-3）也称为水下常规采油树，典型特点如下：

① 其油管内的主要阀门即生产主阀/生产翼阀及井下安全阀安装在一条垂直线上，生产主阀安装在油管悬挂器上部；

② 其油管悬挂器位于水下井口头内，即先把油管悬挂器安装并锁定在井口装置中后，再安装水下采油树；

③ 在过出油管（TFL）式水下立式采油树内，出口与生产孔最大夹角为 15°，以便于泵送作业工具的通过；

④ 其生产通道也是堵头和工具下入油管或完井管柱的通道。

水下立式采油树按环空和生产通道配置形式分为单通道立式采油树（图 71-4）、双通道立式采油树（图 71-5）和多通道立式采油树。

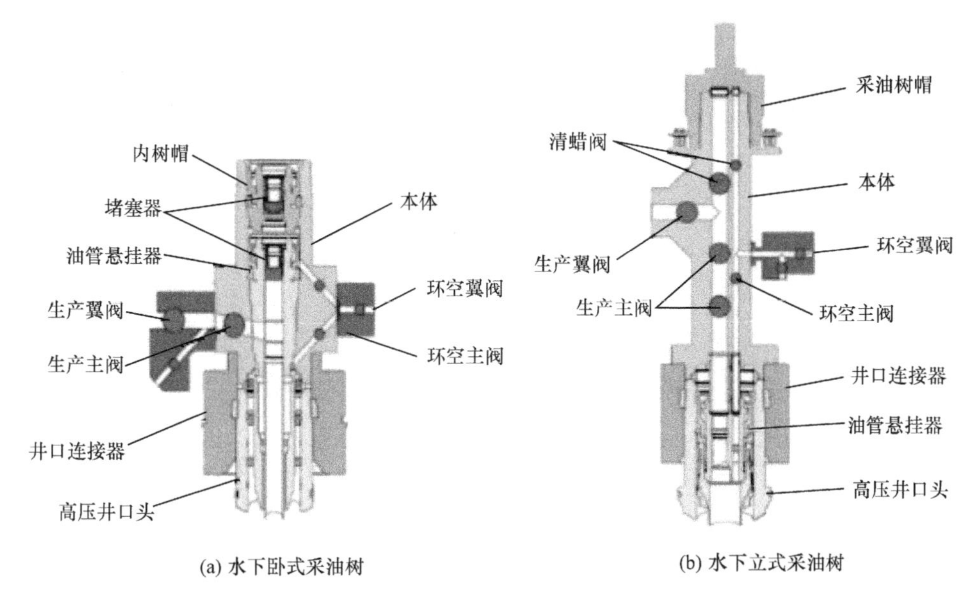

(a) 水下卧式采油树　　　　　　(b) 水下立式采油树

图 71-2　两种水下湿式采油树结构示意图

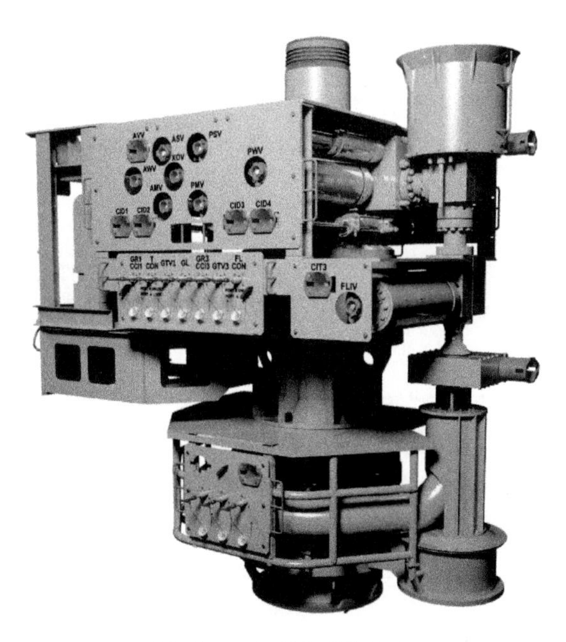

图 71-3　水下立式采油树

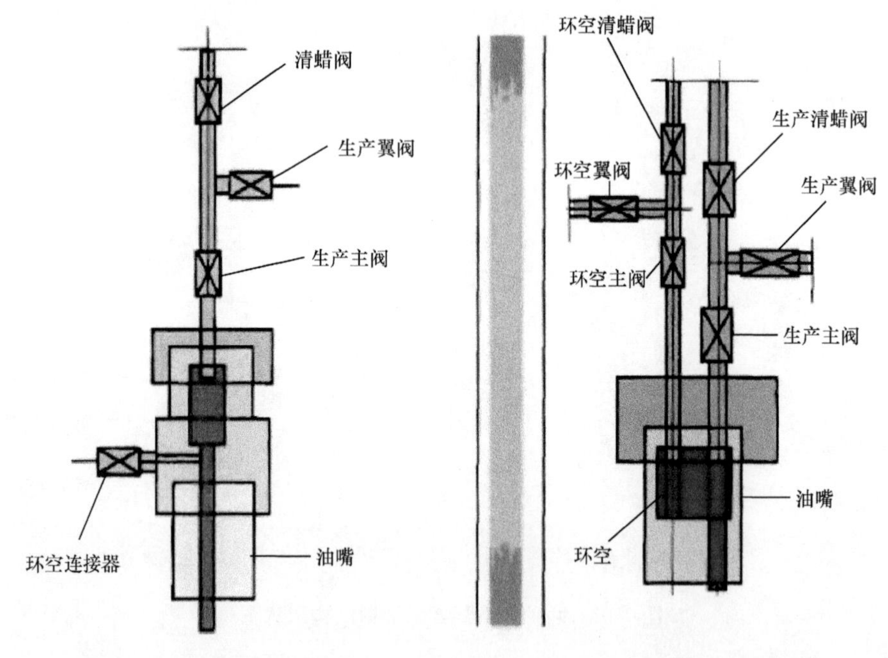

图 71-4　单通道立式采油树　　　　图 71-5　双通道立式采油树

对于单通道立式采油树，其环空位于采油树油管头四通内，采油树内无环空通道。

对于双通道、多通道立式采油树，采油树内配备有环空通道。

(2) 水下卧式采油树。

水下卧式采油树(图 71-6)发明于 1992 年，其显著特点是：主体为整体加工的圆筒，生产通道和环空通道从采油树侧面水平方向伸出，生产主阀和生产翼阀均在采油树体外侧水平方向。

水下卧式采油树根据油管悬挂器位置有如下三种典型结构形式。

① 油管悬挂器位于水下卧式采油树本体内。

这类采油树安装时，防喷器(BOP)坐落在水下卧式采油树上部，油管悬挂器和完井油管通过 BOP 座放在水下卧式采油树通道内的座放台肩上；生产液沿水平方向离开油管悬挂器内分支孔，连接到生产液出口；回收水下卧式采油树前应回收完井油管。

② 上部模拟油管悬挂器位于水下卧式采油树主体内。

油管悬挂在水下井口头内，上部模拟油管悬挂器坐挂到水下卧式采油树内，用于密封油管悬挂器和水下卧式采油树的生产液出口；回收水下卧式采油树时不起完井油管，其中模拟油管悬挂器为水下卧式采油树所特有。

图 71-6　水下卧式采油树

③ “通钻”水下卧式采油树。

油管悬挂器安装在水下井口系统内，油管悬挂器向上延伸通过油管进入采油树，该系统可在油管悬挂器外提起采油树，因此回收油管时不影响采油树，同样回收采油树时也不影响油管悬挂器，从而将安装过程防喷器组下入和回收的次数减少到一次；其缺点为需采用小口径井口，应用于深水钻井作业时，必须使用 16 $\frac{3}{4}$in(或者 13 $\frac{5}{8}$in)的防喷器、14in 的小井眼钻井立管和小井眼套管柱设计，目前这种采油树费用较高。

72　不同类型采油树的优缺点

水下立式采油树和水下卧式采油树的主要区别在于：

(1) 水下立式采油树的阀门垂直地放置在油管悬挂器的顶端，而水下卧式采油树的水平阀门在出油管处。

(2) 水下立式采油树向下钻孔通过水压或者电压从采油树的底部到油管悬挂器的顶端，水下卧式采油树向下钻孔通过油管悬挂器旁边的辐射状的贯入器。

(3) 水下立式采油树的油管和油管悬挂器在采油树之前安装，而水下卧式采油树的油管和油管悬挂器在采油树之后安装。

表 72-1 为水下立式采油树和水下卧式采油树的优缺点的比较。

表 72-1 水下立式采油树与水下卧式采油树的优缺点比较

采油树类型	水下立式采油树	水下卧式采油树
优点	钻井完成后不需移动 BOP 就可完井(该程序需要压井和安装封堵装置); 抽汲封堵装置式闸阀; 可在不干扰完井的情况下取出采油树; 作用在采油树上的立管载荷相对较低	各厂家测试采油树具备一定互换性; 可用单通道轻型安装立管; 支持大通道完井(可到 7～9in); 支持多数量井下射孔(液压或电动); 井控和环空(套管)通道通过钻井系统(BOP 和钻井立管); 油管悬挂器被动定位; 不同厂家的采油树和井口头接口简单; 可用高压(103.5MPa)安装工具和测试采油树; 节约修井和再完井时间
缺点	没有适合深水/15KSI 的双通道安装/修井立管; 双通道立管重量超过补偿能力; 单通道采油树没有环空通道; 油管悬挂器定向需要完井基座(CGB); 油管悬挂器定向 BOP 销; 不同厂商的采油树和井口头不兼容; 不支持大通道完井(>5 $\frac{1}{2}$in)和多数量井下射孔	诱喷清井、卸载、测试需在钻井立管内进行; 钻井泥浆、水泥和完井液有可能进入采油树阀; 立管残渣碎片有可能积累在油管悬挂器顶部; 钻井时作用在树上的载荷大; 回收采油树必须取出管柱

73 水下立式采油树和水下卧式采油树各自的特点及适用范围

水下立式采油树的特点及适用范围如下:

(1) 小油管。

(2) 井筒内维修作业少。

(3) 高压,井控复杂。

(4) 具有安装工具包。

(5) 适用于开发周期短、修井作业少、井口压力大于 69MPa 的气田。

水下卧式采油树的特点及适用范围如下:

(1) 大通道油管。

(2) 油藏复杂,需要频繁修井。

(3) 需预先准备的安装工具比较少。

(4) 适用于维修频率高、井口压力小于 69MPa 的油气田。

74　油管悬挂器及其下入工具的功能和构造

水下油管悬挂器位于井口、油管四通(井口转换总成)或水下卧式采油树内。

它们悬挂油管,密封生产环形空间,在常规采油树情况下,为生产、环形空间、控制对扣器提供密封座。在水下卧式采油树内,它们具有横跨水平开采出口的密封件。

具有多孔的油管悬挂器要求相对于永久导向基盘(PGB)定向,以确保在安装时采油树与油管悬挂器接合。正常情况下,用水平开采出口定向油管悬挂器,在油管悬挂器和水下卧式采油树之间,提供平滑液流通道。同心油管悬挂器不必要求定向,除非由于提供井下仪器仪表需要。

在安装之后,油管悬挂器锁入配合的井口、四通等,以抵抗因生产套管内的压力而引起的力及抵抗热膨胀。根据水深和特定项目要求,锁定机构可以是机械驱动或液压驱动。

油管悬挂器系统的主要部件如下:

(1) 油管悬挂器(图 74-1),分为同心油管悬挂器、多孔油管悬挂器和卧式采油树悬挂器。

(2) 油管悬挂器送入工具。

(3) 定向装置。

(4) 其他工具。

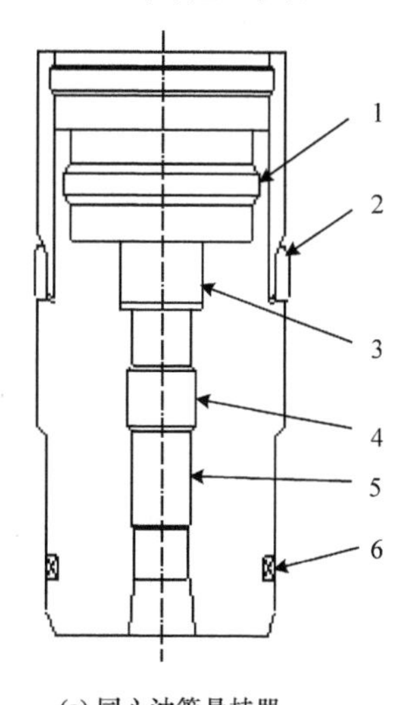

(a) 同心油管悬挂器

1-送入工具锁槽; 2-锁合; 3-对扣接头-密封座; 4-钢丝绳塞型面; 5-开采孔; 6-密封

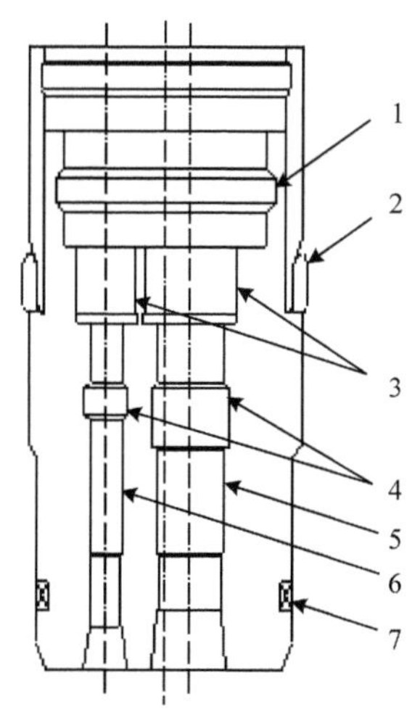

(b) 多孔油管悬挂器

1-送入工具锁槽; 2-锁合; 3-对扣接头-密封座; 4-钢丝绳塞型面; 5-开采孔; 6-环形孔; 7-密封

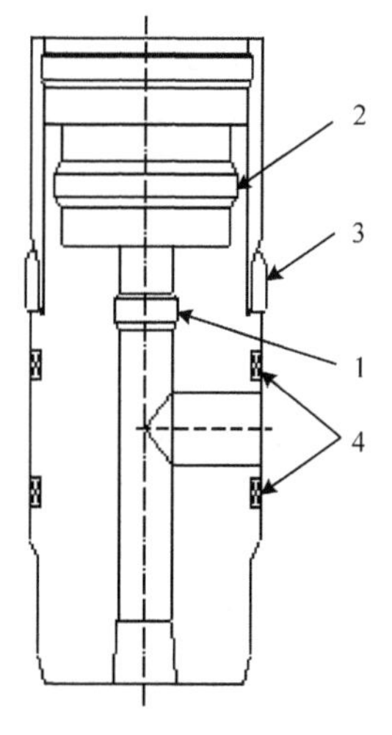

(c) 卧式采油树悬挂器

1-钢丝绳塞型面或闭锁装置; 2-送入工具锁槽; 3-锁合; 4-密封

图 74-1　油管悬挂器

75　采油树的连接设备

水下采油树井口连接器是采油树的重要零部件，井口连接器的工作性能是连接水下井口头，采油树生产导向系统通过重力锁紧机构与套管锁紧以便可以安装在水下井口套管上，采油树生产导向系统是采用导向绳和导向柱实现定位的，从而井口连接器可以与水下井口相连接，将水下采油树捞出海面后进行检修、更换密封垫片等操作。安装在采油树生产导向系统上的管毂的主要功能是连接采油树的生产管线及注气管线[73,74]。

水下采油树井口连接器可以和采油树本体设计为一个整体，也可以独立设计。因此按结构形式划分，井口连接器包括整体式连接器和独立式连接器；但按驱动方式划分，井口连接器又分为机械式连接器和液压式连接器[75,76]。

1）机械独立式井口连接器

机械独立式井口连接器（图 75-1）结构简单，动作单一，仅需通过专用的工具对井口连接器的提拉杆进行操作，即可实现连接器的锁紧与解锁，且加工精度要求相对较低。

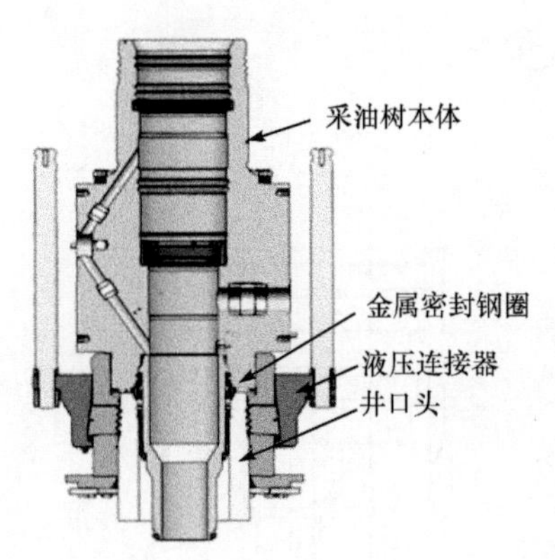

图 75-1　机械独立式井口连接器安装示意图

2）液压整体式井口连接器

液压整体式井口连接器（图 75-2）结构复杂，精度要求高，为了保证解锁功能，一般应配备二次机械式解锁机构。液压整体式井口连接器可通过液压远程控制井口连接器的解锁与锁紧，由于液压密封的需要，连接器的加工精度相对要求较高。

水下采油树井口连接器用机械法连接和密封水下采油树和水下接头，典型的采油树连接器类型主要为 H-4 型连接器。

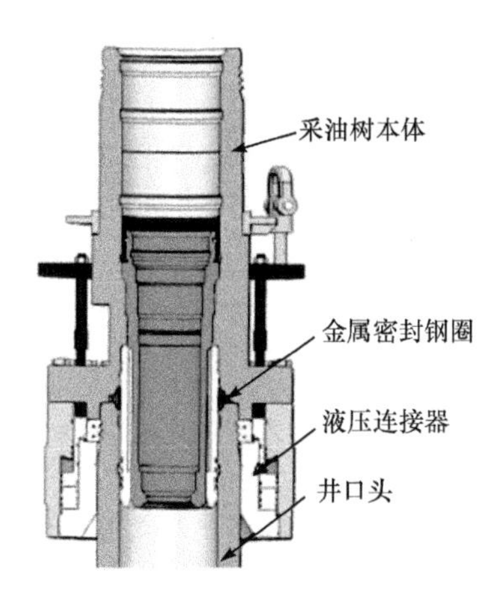

图 75-2　液压整体式井口连接器安装示意图

76　采油树的主要阀门

水下采油树包含各种阀门,可用来对从下面的井口中喷涌而出的油、气和液体进行测试、工作、调整及节流。

1）井下安全阀(DHSV)

井下安全阀用于探测油井中的生产流体,任何事故泄漏和超压现象发生就会关闭。

2）生产主阀(PMV)

生产主阀在正常生产时完全打开,通常是质量过硬的闸阀,必须能承受所有为油井安全考虑的全部压力。

3）环形主阀(AMV)和环形通道阀(AAV)

环形主阀和环形通道阀用于在井下安全阀打开时,平衡油管悬挂器上部空间和下部空间的压力。

4）转换阀(XOV)

转换阀是交叉循环中的一个可选阀,可以使环空和采油树之间产生联系或断开。转换阀是一种可供选择的阀,当打开时,允许在通常隔离的采油树两个路径之间连通。

5）常规采油树主阀

井口和采油树侧出口之间的采油树垂直孔内的任何阀都应称为主阀。在垂直开采(注入)孔和垂直环空内(如适用),常规采油树应有一个或多个主阀,其中至少有一个主阀应是动力驱动的出故障时自动关闭阀。

6) 水下卧式采油树主阀

井口和开采(注入)流孔之间采油树水平分出来的内侧阀或通入油管悬挂器下面的环状空间的孔上的内侧阀,应称为主阀。在上述每一个孔上,水下卧式采油树应至少有一个主阀,是动力驱动的、出故障时自动关闭的阀。

7) 常规采油树翼阀

翼阀是采油树总成中控制开采(注入)或环状流路的任何阀,翼阀不在采油树垂直孔中。针对操作/过程和/或井干涉要求而论,当法规或项目有特定要求时,采油树开采(注入)和环状流路的每个侧出口应当有一个翼阀。

8) 水下卧式采油树翼阀

针对操作/过程和/或井干涉要求而论,当法规或项目有特定要求时,水下卧式采油树在开采(注入)流孔和环状流孔内的主阀下游应当有一个翼阀。

9) 抽汲关闭装置、常规采油树和卧式采油树

水下采油树的总成内,在修井作业过程中能使用的任何垂直孔,应至少装有一个控压(抽汲)关闭装置。抽汲关闭装置是一个允许垂直通入采油树的装置,但在开采流程期间并不打开。抽汲关闭装置可以是盖、对扣器、油管堵塞器或阀。拆除或打开抽汲关闭装置应能通过常规采油树的垂直孔,而不会导致直径的任何限制。

抽汲阀可以手动操作或机动操作,当机动操作时,修井系统应仅可操作抽汲阀。

如果在采油树垂直环状孔中无其他动力驱动的、出故障时自动关闭的阀,那么此孔的抽汲关闭装置应是动力驱动的、出故障时自动关闭的阀。

10) 水下卧式采油树修井阀

通入垂直孔的任何侧面上应至少装有一个阀,该阀应该是出故障时自动关闭的阀。

77 采油树保护帽的主要功能和构造

锁紧在油管悬挂器上部的采油树保护帽是通过液压控制与采油树本体连接,为采油树体内部与环境隔绝提供屏障。采油树保护帽与采油树本体之间的密封形式为金属和金属结合的弹性密封状态,为采油树本体内部提供良好的密封环境。采油树保护帽更好地固定了油管悬挂器,使油管悬挂器在油气井热传导力及压力的作用下而不发生移动。

采油树保护帽还分为承压树帽和非承压树帽。

1) 承压树帽

在采油树保护帽安装前的水下采油树只有一道压力屏障时,选择承压树帽作为另一道压力屏障。

(1) 承压内树帽。锁紧在采油树本体内部的油管悬挂器正上方。

(2) 承压外树帽。锁紧在采油树本体的芯轴顶部,保护金属密封面及垂直井筒不遭受损伤。井下电潜泵完井时,提供动力电缆的穿越通道。井下双电潜泵完井时,还可提供电泵切换开关的安装位置。

2) 非承压树帽

在采油树保护帽安装前的水下采油树已有两道压力屏障时,可选择非承压的外部树帽,防止采油树本体的芯轴顶部密封面及垂直井筒遭受冲蚀、海生物及外部机械载荷的损伤。

78　采油树的液压/电气控制接口

采油树的液压/电气控制接口包括在水下采油树、出油管线基础,或相关的送入/收回工具上安装的所有管子、软管、电缆、接头或连接装置,以便在控制机构、阀驱动器及在采油树、出油管线基础、送入工具和控制管缆、立管路径上的监控装置之间传输液压或电信号。

水下控制模块(subsea control module,SCM):通常位于采油树或管汇上,控制所有的井下安全阀,监控水下所有设备的压力、温度和砂检测传感器。大多数水下控制模块在安装时都无须指导,只要在ROV辅助下用简单的起重钢丝就能安装和维修。

79　采油树下入工具的设计要求

液压采油树或机械采油树送入工具的功能是在安装和收回作业期间把采油树悬挂在水下井口上,并在修井作业期间连到采油树上。在安装、试验或修井作业期间,它也可以用来把完井立管连接在水下采油树上。在完井立管和采油树送入工具之间,可以下入水下钢丝绳、连续油管BOP或其他成套工具。需要评估是否需要软着陆系统。

采油树送入工具与采油树上部连接接口,该接口的设计应按照制造厂商或采购方规定的某一下入管柱离船角来紧急释放。在满足其他任何性能要求的条件下,该释放不得对水下采油树造成任何损伤。

采油树送入工具可暴露于井筒液的部分,应基于指南ANSI/NACE MR0175中规定的材料制成。

80　采油树测试程序

采油树作为水下生产系统中关键的生产设备,在控制油井生产、调节出油产量等方面起着至关重要的作用,它的性能好坏会直接决定整个水下生产系统运行的状态。其在投入使用之前要进行一系列的试验测试,主要包括工厂验收测试(factory acceptance test,FAT)和系统集成测试(system integration test,SIT),通过对各部件以及采油树总成进行工厂验收测试,不仅可以检验设计是否合理,而且可以发现加工制造过程中出现的任何问题并及时修正,为接下来的系统集成测试做准备[77,78]。

若设备是新设计或经过重大改装而成的,除了 FAT 和 SIT,还要接受资质测试,即性能验证测试(process verification test,PVT)。所有的测试主要以 ISO 和 API 标准为依据。

1) 工厂验收测试

工厂验收测试包括主体压力试验,用于发现结构缺陷、尺寸及外观检查、各类接口测试、配合试验证明部件的导向和定位特性。

功能检查包括上扣功能、紧急脱扣功能、可逆性、重复性和压力完整性。

2) 系统集成测试

系统集成测试用来验证不同供应商设备之间的相互连接性,同时它也是培训人员的良好机会,可以借此熟悉设备和作业程序。

试验应包括所有阶段作业现场条件或从维护到安装所有作业的模拟,对装卸运输、动力载荷和支持系统,可进行特殊试验。

系统集成测试具体内容主要包括:

(1) 检查液压控制液和回路的清洁性。

(2) 测试所有机械功能和液压功能。

(3) 要使用临时安装/修井控制系统(IWOC)测试采油树系统。

(4) 对部件和系统进行备档的综合功能测试。

(5) 对所有电器和液压控制接口进行最后的功能测试。

(6) 对所有连接部件和模块进行备档的定向和导向配合试验。

(7) 按实际情况模拟安装、干预和生产模式作业。

(8) 使用模拟 ROV 进行干预作业。

(9) 为发现系统、工具和程序的不足,在给定的极限工况下作业。

(10) 为获取关机操作响应时间等系统的数据在实际相关条件下作业,可能包括浅水试验和练习。

(11) 按规定填充适合的流体、润滑、清洗、保护和安装。

81 采油树安装方法及过程

安装采油树前,需在地面将采油树连至测试树,对每个功能进行操作和压力测试，与水下 BOP 入水前的功能测试类似。测试完成后，采油树从测试树上解锁，用送入管串下放到水下。采油树可以通过钻管或起重机、绞车缆进行安装。若采油树提前放置在钻井船甲板上，采油树可通过月池安装，且尺寸需满足月池安装的要求。若采油树由驳船运输至安装现场，在浅水区可用起重机钢丝绳下放安装，在深水区，则由钻机绞车进行下放，安装船根据水深不同可以是半潜船或钻井船。同时，运动补偿器和送入工具一起入水，这样在采油树下放至基座导向杆并沿导向杆向下坐落在井口头上时可进行缓冲。采油树与油管悬挂器方位相同。在油管悬挂器顶面，有油管悬挂器密封接头、井下工具控制接头密封件、插入孔。

采油树在脐带缆液压作用下锁紧在井口头上。锁紧后，采油树连接器进行密封试压。当所有的压力和功能测试都成功后，采取钢丝作业方式穿越采油树下放管串，取出油管悬挂器生产通道内的堵塞器。此时这口井能否生产取决于采油树主阀上的安全阀是否在关闭状态。因此，需要在地面应用地面测试树进行生产测试，确定地层产能。生产测试后，生产主阀和刮蜡阀关闭，采油树送入工具从采油树解锁回收。如果这口井不能立即生产，需要关井一段时间，再将油管堵塞器重新下入油管悬挂器内，同时采油树上的每一个堵塞剖面也要下入堵塞器。

以通过月池利用钻管安装立式采油树为例，其安装过程如下：

(1) 进行预安装，并测试采油树。

(2) 采油树进入月池。

(3) 将导向索装入采油树导向臂。

(4) 在月池里向采油树上安装下立管封装(LRP)和紧急断开插件(EDP)。

(5) 连接安装/修井控制系统(IWOCS)。

(6) 通过出油立管将采油树降低导向基座。

(7) 将采油树锁定在导向基座上，测试密封垫片。

(8) 用 IWOCS 执行采油树阀门功能测试。

(9) 回收采油树送入工具。

(10) 利用采油树送入工具将采油树保护帽放置在钻井管道上。

(11) 继续下放采油树保护帽，直至采油树附近。

(12) 把采油树保护帽安装并锁定在采油树轴心上。

(13) 用钻杆将腐蚀保护帽安装到采油树保护帽上。

82　水下井口的定义及设计目的

水下井口系统是一个压力容器，在钻井过程中，它提供了套管的悬挂和密封途径。井口还为水下防喷器和隔水管提供了锁紧端面，使之可以连接到浮式钻机上。用这种方法，可使到达井口的路径处于压力可控的环境中。水下井口系统位于海底，需要使用下入工具和钻杆进行远程安装。图 82-1 是一种典型的水下井口系统示意图，安装了临时弃井盖帽，井口中配置了 $30\times20\times13\ \frac{3}{8}\times9\ \frac{5}{8}\times7$in 的套管。

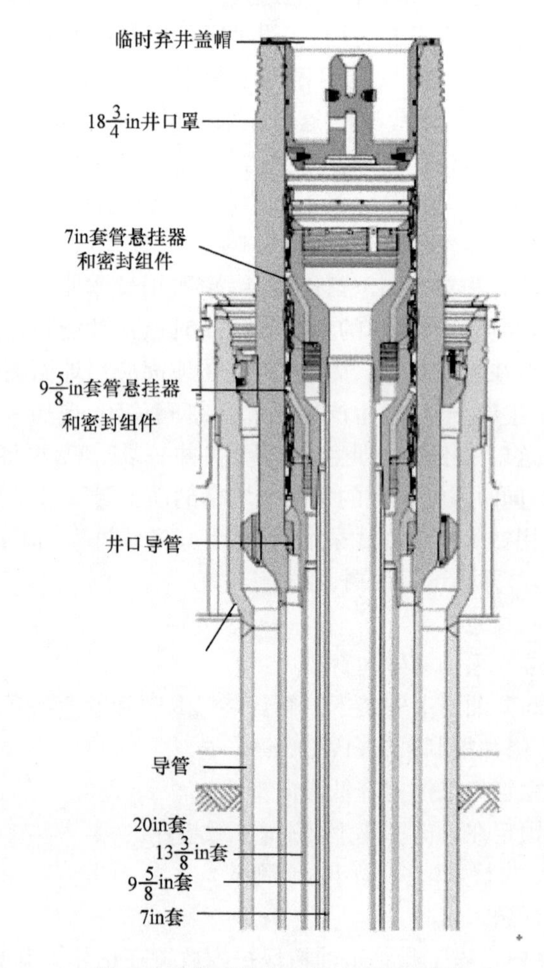

图 82-1　典型的水下井口系统示意图

水下井口在内径上设计了一个着陆台肩，位于井口本体的底部。后续的套管悬挂器都挂在之前的套管悬挂器上。套管会悬挂在套管悬挂器的顶部，最终全部累加在最初一级的着陆台肩上。每一个套管悬挂器都通过密封，将井口罩内部与悬挂器外部隔开，该密封总成采用真正的金属对金属密封。这种密封总成在套管之间形成了压力隔离。一旦钻井结束，井口就会提供一个生产管柱和水下采油树的接口，或者一个回接到平台的点(如有需要)。

水下井口系统的设计目的有如下两点：

(1) 为作业者提供最新的设备技术，除了功能超强，还能针对井的问题融合最可靠的解决方案。

(2) 提供易于安装的系统，节省安装和钻机时间。

83　水下井口系统组件

一个标准的水下井口系统应包括以下组件：

(1) 钻井引导基座(drilling guide base)。

(2) 低压罩(low-pressure housing)。

(3) 高压罩(high-pressure housing，一般是 $18\frac{3}{4}$in)。

(4) 套管悬挂器(casing hangers，各种尺寸，基于井身设计)。

(5) 金属对金属的环空密封总成(metal-metal annulus seal assembly)。

(6) 井眼保护装置和耐磨补心(bore protectors and wear bushings)。

(7) 下入工具和测试工具(running and test tools)。

1) 钻井引导基座

钻井引导基座可以引导和对齐防喷器，使之连接到井口上。基座钢丝从钻机连接到基座的引导柱上，钢丝随基座到达海底，为从钻机到井口系统提供引导。图 83-1 为典型的钻井引导基座，每个基座均可融合用户指定功能，如远程回收和特殊流动。

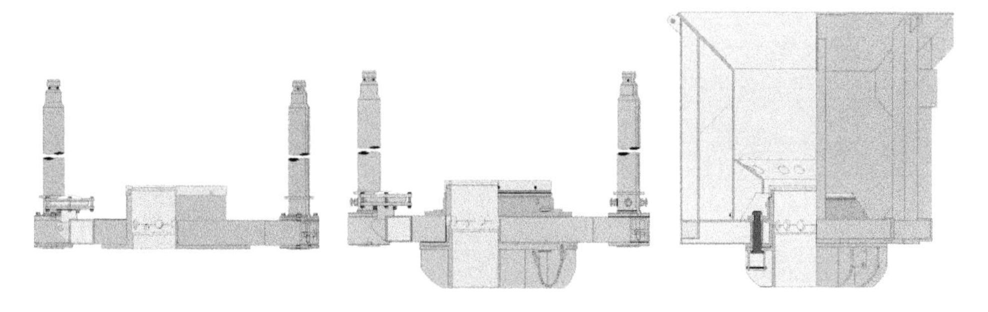

(a) 潜水员协助永久钻井引导基座　(b) 远程可回收永久钻井引导基座　(c) 远程可回收导向线钻井引导基座

图 83-1　典型的钻井引导基座

2) 低压罩

低压罩为钻井引导基座提供了一个定位点，同时为 $18\frac{3}{4}$in 的高压罩提供接口。第一个管柱找准位置进行喷射或固井，这是很重要的，因为它是油井其余部分的基础。图 83-2 是一种典型的低压罩。每个低压罩都可以基于具体应用和钻井环境，来融合不同的功能。

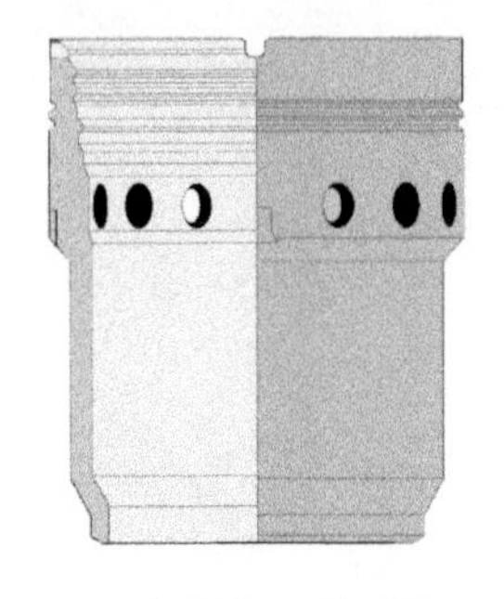
(a) 标准的30in低压罩

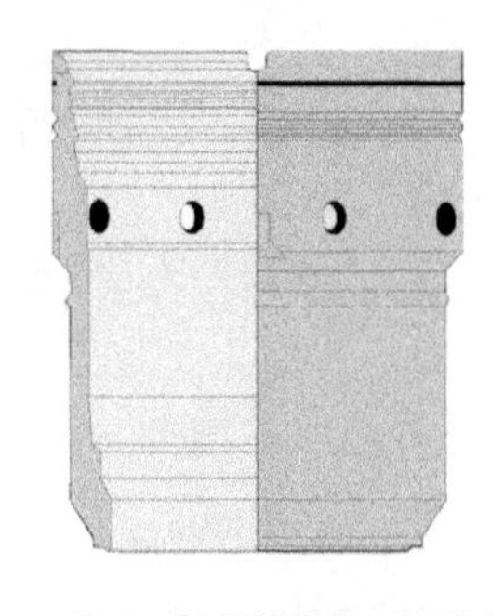
(b) 带有严格封锁的30in低压罩

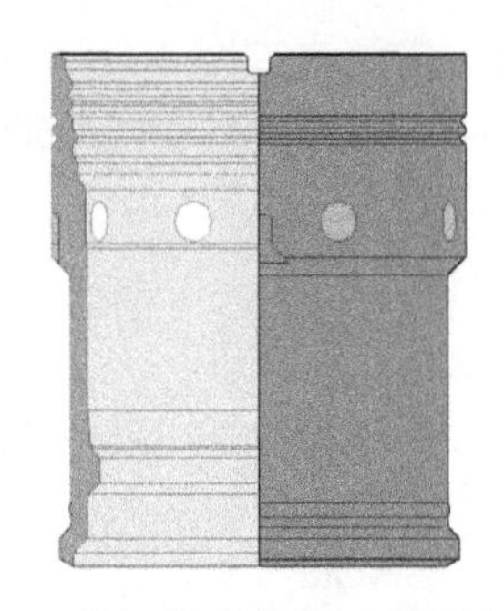
(c) 带有严格封锁的36in低压罩

图 83-2 典型的低压罩

3) 高压罩

水下高压罩是一种高效整合的井口,不存在环空通道,它为水下防喷器组和油气井之间提供接口。

4) 套管悬挂器

所有的水下套管悬挂器都是芯轴式的,如图 83-3 所示,它为密封总成提供了金属对金属的密封区域,可以很好地隔离悬挂器和井口之间的环空。套管的重量都通过悬挂器和井口台肩转移到井口上。每个套管悬挂器都有流动槽,在下入穿过隔水管、防喷器以及固井作业时,有助于流体流过。

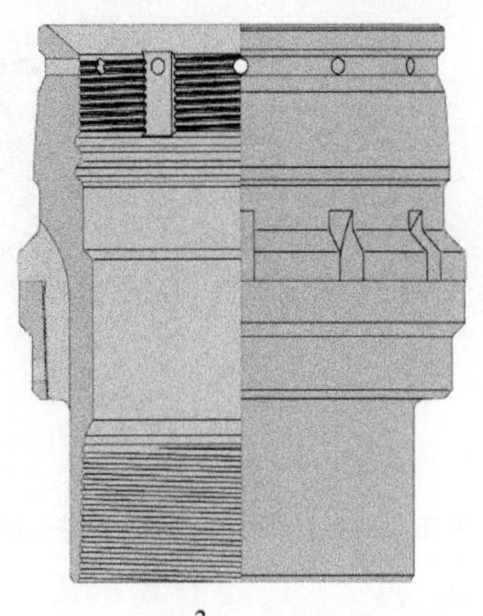
(a) $13\frac{3}{8}$in套管悬挂器

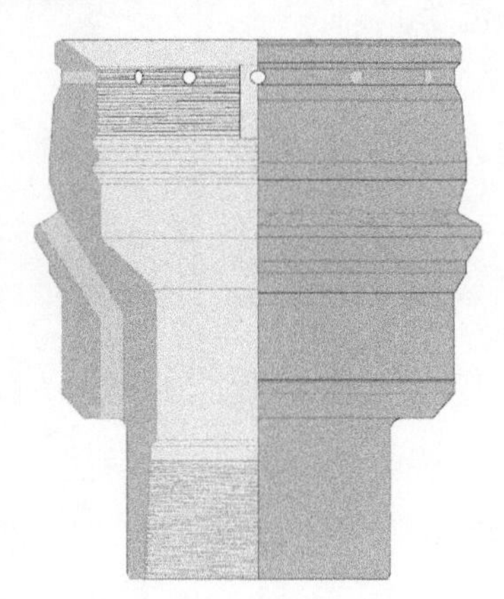
(b) $9\frac{5}{8}$in套管悬挂器

图 83-3 水下套管悬挂器

5) 金属对金属的环空密封总成

密封总成用于隔离套管悬挂器和高压罩之间的环空,该密封融合了金属对金属的密封系统,现在一般是重力激发(扭矩激发的密封总成在早期的水下井口系统中使用)。在安装过程中,密封锁定在套管悬挂器上不动。井开始生产,就可以在进口锁紧密封。这是为了避免套管悬挂器和密封总成因热膨胀而被抬起。图 83-4 是一个 $18\frac{3}{4}$in 密封总成的实物图。

图 83-4　$18\frac{3}{4}$in 密封总成实物图

6) 井眼保护装置和耐磨补心

高压罩和防喷器组安装完毕后,就要穿过井口进行钻井了。钻井过程中,机械伤害的风险相对较高,井口中关键的着陆和密封区域需要得到保护,可以采用一个可移动的井眼保证装置和耐磨补心进行保护。

7) 下入工具和测试工具

标准的水下井口系统会包括下入工具、回收工具、测试工具和再安装工具。

(1) 导管井口下入工具用来下入导管、导管井口和引导基座,该工具可用于导管喷射或在预钻井眼中的固井,它是采用凸轮推动的工具,在作业过程中很少使用高扭矩。

(2) 高压井口下入工具和导管井口下入工具的操作相似,也是凸轮推动,在作业过程中很少使用高扭矩。

(3) 套管悬挂器密封总成下入工具可一趟下入套管、套管悬挂器和密封总成。它还可以测试密封总成(安装之后)和防喷器组。它有一个好处,即如果下入过程中遇到碎屑无法安装,可以回收密封总成。

(4) 多功能工具和附件用于下入和回收保护装置及耐磨补心,它可以接一个喷射短节,用于在回收过程中冲刷井口。该工具也可以回收密封总成,在接上专用工具后成为一个磨铣和冲刷工具。

(5) 防喷器隔离测试工具用来测试防喷器组，而压力无须施加到套管悬挂器密封总成上。

(6) 密封总成下入工具主要用于二级密封总成的下入。下入工具是一个重力激发工具，和套管悬挂器密封总成下入工具一样，它允许测试防喷器组和回收密封总成。

84 水下井口系统的操作要求

水下井口系统的操作要求如下：

(1) 具备水下导向基座、导管及导管头等设备一次完成水下安装的条件。

(2) 允许紧急情况下针对套管压力、钻井和固井采取喷射操作。

(3) 对钻井作业时生产的钻屑和回流的水泥进行有效排出做好准备。

(4) 在钻井完井和回收操作时，提供井筒保护器和耐磨套管来保护井筒内部。

(5) 保证所有密封和锁定组件能够进行现场测试。

(6) 保证在测试失败时，所有隔离、密封设备可以回收和更换。

(7) 保证所有永久密封在送入阶段受到保护，并且对接后可以远程控制驱动。

(8) 保证安装有井口工具和组件的送入管柱在送入和拉出井口时不会阻塞和受限。

(9) 允许固井作业之后，下入密封总成之前进行密封表面的处理。

(10) 保证一次在水下作业中完成管道悬挂器的降落、密封装置的安装和牵引(以防止失效)。

(11) 允许粒径在基座悬挂器和基座悬挂运行工具层之间有足够的空间流动。

85 套管悬挂器的结构、功能及特征

套管悬挂器的结构和功能为：将套管居中悬挂在井口头内部，而且为封隔装置隔离套管环空提供密封表面，套管悬挂器通常共有一个预先安装的套管短节，套管短节终端通常为销连接。

套管悬挂器的特征如下：

(1) 与井口头中亮点同心。

(2) 足以使钻井泥浆、钻屑和水泥流进旁流区。

(3) 为下一连接套管尺寸提供钻头通道。

(4) 各种下放工具的接口，包括钻杆工具、全井眼工具或一次起下作业工具。

(5) 能够悬挂足够的工作载荷，通常至少能悬挂 1000000lb(1lb≈0.454kg)重物。

86　井口导向盘及永久导向基座的基本要求

井口导向盘及永久导向基座基本要求如下：

(1) 所有导向基座要定向并与30in导管壳体锁定，同时与一个反旋转装置一起工作。

(2) 在所有类型的油井中，应该使采油树朝向正确的位置，以便与油管、液压缆、电缆相连。

(3) 对现存油井的重新使用能力的评估，应该包含在整体设计中或作为详细设计修改的一部分。

(4) 导向基座及容器设计用来抵抗所有竖向载荷和水平载荷，这些载荷产生于包括BOP在内的所有组件的部署、安装和回收，且不会带来永久的变形。

(5) 导向基座应防止ROV以及脐带缆的搁浅。

(6) 所有导向基座应保证36in导管穿过导向基座表面。

(7) 生产导向基础与导管基础一起安装，并且与30in壳体锁定。

87　典型的水下井口安装程序

典型的水下井口安装程序如下：

(1) 用连接到导锥的30in悬挂接头将30in导管柱下放至裸眼。

(2) 下放并坐封到正确高度位置，根据作业程序注水泥固定30in导管到位。

(3) 旋转钻杆并上提下放工具，起出地面。

(4) 钻下一井眼至完钻井深(TD)，下放20in套管。

(5) 将$18\frac{3}{4}$in井口主体连接到20in套管，在井口安装井筒保护器，将注水泥插入管下放到转盘上的井口头，并将井口主体连接到下放工具，将下放工具连接到井口。

(6) 将井口主体组合，下放悬挂接头、水泥。

(7) 通过旋转从井口释放下放管柱，然后将下放管柱起出地面。

(8) 跨月池上的辐式横梁放置钻井BOP，连接液压脐带缆并检查所有功能。

(9) 下放BOP，将防喷器连接器锁到$18\frac{3}{4}$in井口，安装带节流和压井管道的分流装置。

(10) 将绝缘试验工具连接到钻杆柱，下放到井口，测试防喷器后回收试验工具。

(11) 为 $13\frac{3}{4}$in 套管钻孔，起出管柱，将其连接到井筒保护器回收工具，下钻并回收井筒保护器。

(12) 下放附装固井设备的 $13\frac{3}{4}$in 套管柱。

(13) 将 $13\frac{3}{4}$in 套管悬挂器和封隔连接到一次起下作业工具，然后将该组合连接到套管柱，随钻柱和套管下放到井内。

(14) 将悬挂器放入 $18\frac{3}{4}$in 井口，释重并向管柱注水泥到位。

(15) 释放管柱重量并关闭 BOP 管子闸板。

(16) 恢复工具上方的压力，以坐封和测试封堵，打开管子闸板，从封隔释放工具，然后将工具起出地面。

(17) 重复以上步骤下放下一批套管柱。

(18) 开始测井的后续功能。

88 井口和采油树性能验证试验的要求

采用性能验证程序鉴定设计所用的设备或装置，应能在设计、尺寸和材料方面代表生产样机。如果产品设计在配合、形式、功能或材料方面有任何更改，制造厂商应将这些更改对产品性能的影响形成文件。经实质性更改的设计成为一种新设计，要求重新试验。设计的实质性更改影响预期使用条件下的产品的性能。实质性更改被认为是会影响产品或预期使用性能的对以前鉴定的构型或材料选择的任何更改。设计的实质性更改应予以记录，制造厂商应有充分理由证明是否需要重新鉴定，包括配合、形式、功能或材料方面的更改。如果新材料的适用性可用其他方法证实，那么材料的更改可不必重新试验。主要性能验证试验程序如下。

1) 静水压试验和气压试验

静水压试验应适用于本标准的所有性能验证压力试验。制造厂商可以选择用气压试验代替某些或所有要求的性能验证压力试验。

2) 静水压循环试验

表 88-1 列出了必须反复承受静水压(或气压，如适用)循环试验以模拟现场长期作业中会出现的启动和关闭压力循环的设备。在这些静水压循环试验时，在达到规定的压力循环数之前，设备应交替地加压到满额定工作压力，然后泄压。每一个压力循环均不要求保压期。在静水压循环试验之前和之后，应进行标准静水压(或气压，如适用)试验。

表 88-1　性能验证试验附加要求

零部件	静水压循环试验次数	温度循环试验次数	耐久性循环试验次数
其他端部连接装置	200	N/A[d]	PMR[a]或 3[b]最小
井口/采油树/四通连接装置	3	N/A	PMR 或 3[b]最小
油管悬挂器四通	3	N/A	N/A
阀	200	3	200
阀驱动器	200	3	200
采油树罩连接装置	3	N/A	PMR 或 3[b]最小
出油管线连接装置	200	N/A	PMR 或 3[b]最小
水下节流阀	200	N/A	200
水下节流阀驱动器	200	3	200
水下井口套管悬挂器	3	N/A	N/A
水下井口环形密封总成	3	3	N/A
水下井口油管悬挂器	3	3	3[b]
泥线油管悬挂器四通	3	N/A	N/A
泥线井口油管悬挂器	3	3	3[b]
送入工具[c]	3	N/A	PMR 或 3[b]最小

a PMR 代表不应小于规定的循环数。

b 在各循环之间，可更换密封件和其他易损件。

c 不包括水下井口送入工具。

d N/A 代表不适用。

3）载荷试验

制造厂商符合本标准的设备的额定承载能力，应通过性能验证试验、有限元分析(FEA)或典型的工程分析予以验证。如果试验用来验证设计，那么设备在试验时应至少三次加载到额定能力，在满足其他任何性能要求的条件下而不变形。如果采用工程分析，那么应采用符合形成文件的工业做法的技术和程序进行分析。

4）最低温度和最高温度试验

在不小于额定工作压力下，应进行性能验证试验，以确认在不大于最低额定工作温度类别和不小于最高额定工作温度类别的试验温度下设备的性能。作为试验的一种替代方法，制造厂商应提供符合形成文件的工业做法的其他客观证据，证实在两个温度极限下设备满足性能要求。

5）温度循环试验

表 88-1 列出了应反复承受温度循环试验以模拟现场长期作业中会出现的启动和关闭温度循环的设备。在进行温度循环试验时，设备应交替地加热和冷却到其额定工作温度类别的温度上极限和温度下极限。在温度循环期间，设备应在温度极限施加额定工作压力而无任何泄漏。温度从室温到温度上极限及温度下极限的循环，可以用来代替直接在两个温度极限之间的温度循环。作为试验的一种替代方法，制造厂商应提供符合形成文件的工业做法的其他客观证据，证实设备满足温度循环的性能要求。

6）使用寿命/耐久性试验

使用寿命/耐久性试验（如连接装置上的装配-拆卸试验，阀、节流阀和驱动器操作试验）的目的是评价被试验设备的长期磨损特性，它可在任何温度下进行。表 88-1 中列出了应进行持久使用寿命/耐久性试验以模拟现场长期作业的设备。在进行使用寿命/耐久性试验时，设备的工作循环应按照制造厂商的性能规范（如按满扭矩装配、拆卸，在满额定工作压力下开启、关闭）。包含对扣器的连接装置，满载拆卸应作为循环的一部分。

89　井口和采油树的性能要求

性能要求是指规定在运行状态的特定产品的操作能力。操作能力通过参考工厂验收试验和有关的性能验证试验资料予以证明。性能验证试验用来证明和鉴定种类系列产品的性能，能够反映出具有规定差异的产品的特征。

1）承压完整性

只要不超过应力准则，在满足其他任何性能要求的条件下，产品应设计成能够在额定温度下承受额定工作压力而不变形。

2）温度完整性

产品应设计成能够在其整个额定温度范围正常运行。

3）材料

按表 89-1 所选择的适当的材料类别设计的产品应能够正常运行。

表 89-1　材料要求

材料类别	材料最低要求	
	本体、盖和法兰承压件	控压件、阀杆和心轴悬挂器
AA—一般使用	碳钢或低合金钢	碳钢或低合金钢
BB—一般使用	碳钢或低合金钢	不锈钢
CC—一般使用	不锈钢	不锈钢

续表

材料类别	材料最低要求	
	本体、盖和法兰承压件	控压件、阀杆和心轴悬挂器
DD-酸性环境[a]	碳钢或低合金钢[b]	碳钢或低合金钢
EE-酸性环境[a]	碳钢或低合金钢[b]	不锈钢[b]
FF-酸性环境[a]	不锈钢	不锈钢[b]
HH-酸性环境[a]	抗腐蚀合金(CRA)[b]	抗腐蚀合金(CRA)[b]

a 按 ANSI/NACE MR0175 定义。

b 符合 ANSI/NACE MR0175。

承压件和控压件都承压,不同在于控压件受流体腐蚀的程度更大,对抗腐蚀的能力要求更高。

4) 泄漏

不允许有可见的渗漏。

5) 承载能力

只要不超过应力准则,在满足其他任何性能要求的条件下,产品应设计成能够承受额定载荷而不变形。设计的支承管柱的产品应能够支承额定载荷而不将管柱直径挤压到小于通径的尺寸。

6) 周期

产品应设计成能够在使用中按照制造厂商规定的预期操作周期数工作和运行。

7) 操作力或操作扭矩

产品应设计成能在性能验证试验中所验证的适用场所和制造厂商的力或扭矩规范适用的范围之内操作。

设计应考虑封存压力的排放,并确保在拆开附件、总成等之前能够安全地释放封存压力。

90　井口和采油树的工作条件

1) 压力额定值

压力额定值应符合以下各段。在小直径管线(如地面控制井下安全阀(SCSSV)控制管线或化学剂注入管线)通过腔(如采油树油管悬挂器腔)的情况下,如果那些管线中的任一管线发生泄漏,且不提供监视和降低腔压力的装置,则发生泄露的腔对应的设备的额定压力应为管线中最高压力。此外,应考虑外部载荷(如弯矩、拉伸)、环境静液压载荷和疲劳的影响。在本书中,压力额定值应理解为压差,下面举例予以阐明。

(1) 在压差为69.0MPa(10000psi)的使用条件下,承压件(如本体、盖和端部连接装置)试验和标识的额定压力值为69.0MPa(10000psi)。如果这些零部件用于外部环境压力为17.25MPa(2500psi)的水深,即使其标识的最大额定工作压力(MRWP)为69.0MPa(10000psi),也可在高达86.25MPa(12500psi)的关井压力下使用。

(2) 在某些工作条件下,可使控压件与外部环境压力隔离(如阀孔密封机构和油管堵塞器)。例如,当阀关闭且采气管线压力排放到大气时,水下气井上的阀的闸板"下游"侧上可能几乎没有或根本没有压力。在这种情况下,外部环境海水压力不会降低作用在阀孔密封机构两端的"压差"。因此,在大多数情况下,如果关井压力超过设备上标识的最大额定工作压力,那么不能使用水下气井作业用阀。

(3) 由于出油管线中油柱静压头的作用,水下油井上的控压件(如阀孔密封机构和油管堵塞器)可使用的压力因"外部"下游压力的作用而提高。在这种情况下,设备可使用的压力超过其标识的压力额定值。例如,如果在某一水深,所使用的压力额定值为69.0MPa(10000psi)的阀的下游产生最低12.1MPa(1750psi)的静水压,则阀可在高达81.1MPa(11750psi)的关井压力下使用 。控压件处在流体上下游之间,控制流体流动,承受上下游压差。

出油管线中混有气体的油可降低作用在闭合阀下游的静水压。在计算特定应用情况下的最大许用关井压力时,应考虑这一因素。

在深水处,由于外部静水压超过孔内压,可导致在密封处产生反压,设计密封时应予以考虑。所有工作条件应予以考虑(如试运行、试验、启动、操作、降压开采等)。

(1) 水下采油树总成包括的承压件和控压件,应仅按下列标准额定工作压力设计:34.5MPa(5000psi)、69.0MPa(10000psi)和103.5MPa(15000psi)。

(2) 水下井口装置的标准最大额定工作压力应为34.5MPa(5000psi)、69.0MPa(10000psi)和103.5MPa(15000psi)。根据尺寸和使用要求,工具和内部零部件(如套管悬挂器)可具有其他压力额定值。

2) 温度额定值

(1) 标准工作温度额定值。

ISO 13628-4规定的水下设备应设计成用在2～120℃(35～250℉)的整个额定温度范围。当排气时,应考虑低温对节流阀体和相关下游管路的影响。API 6A的额定温度范围更广,最低可到−18℃。

(2) 海水冷却调整的标准工作温度额定值。

制造厂商通过分析或试验表明,当水下井口装置、泥线悬挂和采油树总成上的某些设备(如阀和节流阀驱动器)在水下工作的滞留流体温度为120℃(250℉)时,其温度不超过65℃(150℉),那么这个设备可以设计成用在2～65℃(35～150℉)的整个额定温度范围。

(3) 非标准工作温度额定值。

在制造厂商的水下设备所要求的额定温度低于2℃(35℉)或高于120℃(250℉)时,应在新温度、不低于额定工作压力下试验水下设备,且应在设备上清楚地标识新温度范围,以及清楚地标识额定温度调整值。

(4) 温度设计的考虑。

设计应考虑温度梯度和操作周期对设备的金属件和非金属件的影响。

(5) 存储、试验温度的考虑。

如果水下设备在地面所要存储或试验的温度超出其温度额定值范围,那么应与制造厂商联系以确定是否采用推荐的特殊存储或地面试验程序。制造厂商应将任何这样的特殊存储或地面试验需要考虑的事项形成文件。

3) 额定材料类别

表90-1提供了额定材料的类别。

表90-1　额定材料类别

封存流体	封存流体的相关腐蚀性	CO_2分压/MPa(psi)	推荐的材料类别[a]
一般使用	无腐蚀	<0.05 (7.0)	AA
一般使用	轻度腐蚀	0.05～0.21(7.0～30.0)	BB
一般使用	中度至高度腐蚀	>0.21(30.0)	CC
酸性环境	无腐蚀	<0.05(7.0)	DD
酸性环境	轻度腐蚀	0.05～0.21(7.0～30.0)	EE
酸性环境	中度至高度腐蚀	>0.21 (30.0)	FF
酸性环境	严重腐蚀	>0.21 (30.0)	HH

a 按照表89-1中的规定。

(1) 材料类别。

选择材料类别是用户的首要责任,但用户规定的使用条件可以使供方自主地推荐合适的作业方案。

材料类别选择的推荐(不是要求)和材料要求应符合表90-1。所有承压件应视为“本体”,按表90-1决定其材料要求。

(2) 外部静水压力。

在水下应用中,外部静水压力可高于系统内部压力。但需考虑整个外部载荷的情况。

91　井口和采油树的材料要求

所有承压件和控压件的材料性能、材料加工处理和材料成分要求应符合 ISO 10423 中的规定。ISO 10423 所要求的夏比冲击值是最低要求，为了满足地方法规或用户要求，可以规定更高夏比冲击值。

1）产品规范级别

所用的材料应符合 ISO 10423 中规定的 PSL 2 和 PSL 3 的要求。PSL 3G 和 PSL 3 的材料要求相同。

2）腐蚀考虑的因素

(1) 滞留流体引起的腐蚀。

设备设计所用的材料应满足或超过表 90-1 中规定的要求。在满足力学性能的条件下，不锈钢可代替碳钢和低合金钢，抗腐蚀合金也可用来代替不锈钢。

(2) 海洋环境引起的腐蚀。

依据海洋环境，通过材料防腐蚀，至少应考虑以下方面：

① 外部流体；

② 内部流体；

③ 可焊性；

④ 缝隙腐蚀；

⑤ 异金属间的作用；

⑥ 阴极保护效应；

⑦ 涂层。

(3) 结构材料。

构件通常是用普通结构钢焊接的结构，该结构可以使用符合设计要求的任何强度等级的材料。

第 7 部分　水下控制系统和安装/修井控制系统

92　水下控制系统的定义

水下控制系统主要用于对采油树、管汇等水下生产设施进行远程控制，对井下压力、温度及水下设施运行状况进行监测，以及根据生产工艺要求对所需化学药剂进行注入、分配等。

水下控制系统(图 92-1)由水上设备、水下设备和控制脐带缆等组成。水上设备主要包括主控站(MCS)、液压动力单元(HPU)、电力单元(EPU)及水面脐带缆终端总成(TUTA)等。水下设备主要包括水下脐带缆终端总成(SUTA)、水下分配单元(SDU)及水下控制模块(SCM)等。电力、信号、液压液和化学药剂等由水面控制设备通过控制脐带缆传输到水下控制设备，从而实现对水下生产设施的生产过程、维修作业的远程遥控[79-81]。

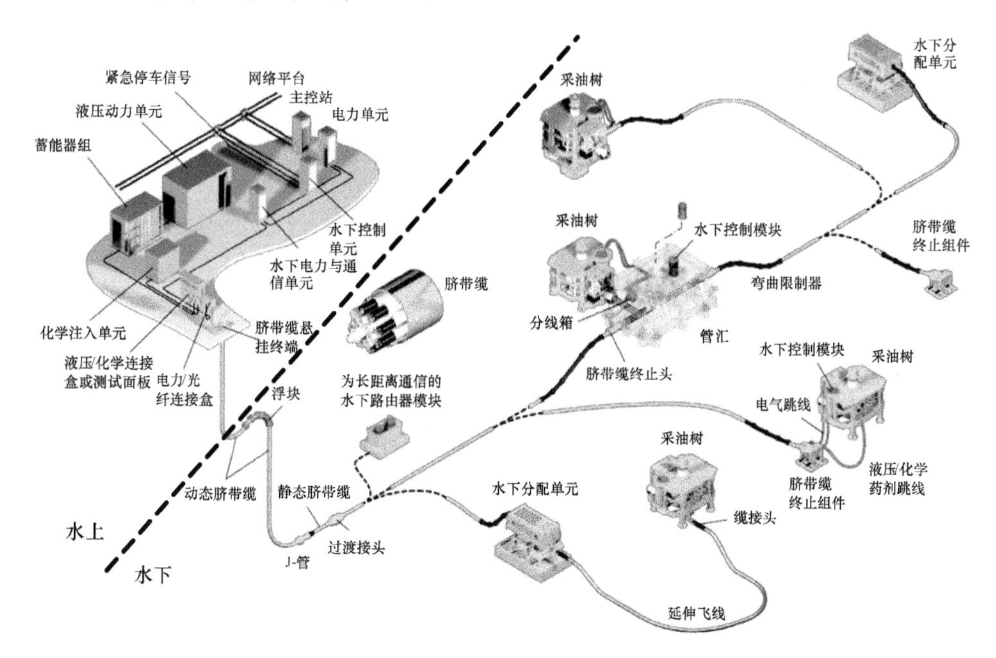

图 92-1　水下控制系统

93　水下控制系统典型的控制部件和监视参数

(1) 控制功能如下：

① 井下安全阀；

② 生产主阀；

③ 生产翼阀；

④ 环空主阀；

⑤ 环空翼阀；

⑥ 转换阀(注入阀)；

⑦ 甲醇/化学药剂注入阀；

⑧ 防垢剂注入阀；

⑨ 防腐剂注入阀；

⑩ 油嘴(每个油嘴可能要求具有两种控制功能)；

⑪ 注入调节阀(每个调节阀可具备两种控制功能)；

⑫ 管汇阀组；

⑬ 化学药剂注入控制阀。

(2) 水下控制系统相关水下传感器监视的参数如下：

① 生产压力；

② 环空压力；

③ 管汇压力；

④ 生产温度；

⑤ 管汇温度；

⑥ 油气泄漏检测；

⑦ 采油树阀门位置(直接给出或推测)；

⑧ 油嘴位置；

⑨ 油嘴压差；

⑩ 出砂监测；

⑪ 井下监视；

⑫ 多相流；

⑬ 腐蚀监控；

⑭ 清管监测。

(3) 水下控制模块(SCM)监视参数如下：

① 液压供给压力；

② 通信状态；

③ 水下电子模块(SEM)内部电压；
④ SEM 内部温度；
⑤ SEM 内部压力；
⑥ 自诊断参数；
⑦ 液压液流量；
⑧ 液压液回流压力；
⑨ 绝缘电阻。

94　水下控制系统的类型

水下控制系统是水下生产系统的重要组成部分[82]，是与水下生产系统同步发展的[83]。初期的控制方式是直接液压控制，主要用于控制浅水小型油气田的单井采油。随着油气开采过程中水深的增加和大型油气田的发现，水下控制系统的控制方式也在不断地发生着重大变革：为了提高系统响应速度，先导液压控制取代了直接液压控制；为了简化脐带缆中液压管束的结构，顺序液压控制取代了先导液压控制；为了增加系统控制的距离，直接电液控制取代了顺序液压控制；为了实现深水、超深水大型油气田的开发，复合电液控制取代了直接电液控制，并成为目前的主流控制方式[84]。20 世纪末，国外水下装备供应商，尤其是深水装备供应商，开始研发和完善水下全电控制设计技术[85]。与此同时，为了满足开发边际油气田的控制需求，国外又提出了水下自治控制系统和集成浮漂控制系统。

无论采用哪一种控制方式，水下控制系统的主要结构均由三部分组成，包括水下就地检测与控制系统、水上动力与监控系统、水上与水下之间的动力配送和通信系统。

95　直接液压控制系统

直接液压控制是水下控制系统早期使用的控制方式，当时主要用于控制工作在几十米水深处的水下采油树上的液压执行机构。每个液动阀都由一根单独的液压线控制，在水下不需要配置其他控制设备。通常情况下，液压执行机构均采用回复弹簧实现故障安全功能。

图 95-1 为直接液压控制系统原理图，直接液压控制系统的水上控制设备包括液压动力单元(HPU)、液压控制板和水上监控系统；水下控制设备包括脐带缆连接器或液压分配盘，无水下控制模块。水上控制设备位于生产平台上，水下控制设备安装在水下采油树上。液压动力单元为液压执行提供标准的控制压力，控制压力一般为 10.35MPa(1500psi)、20.7MPa(3000psi)或 34.5MPa(5000psi)，但是不

包括水面控制的井下安全阀(SCSSV)的控制压力。液压动力单元可以选择涡轮驱动和电机驱动。液压油可以选择水基油和合成烃矿物油,目前水基油应用最为广泛,合成烃矿物油主要用于电液控制系统。液压油清洁度等级应满足 NAS1638 标准规定的 6 级以上要求。液压控制板上配置有电磁换向阀和脐带缆固定端,每个电磁换向阀控制一个液压执行机构,液压控制信号经过脐带缆中的控制管束直接作用在液压执行机构。脐带缆为每个液压执行机构分配一根独立的液压控制管线,当液压执行机构数量较多时脐带缆结构比较复杂。脐带缆连接器配置与脐带缆内部控制管束数量相等的液压功能接口,主要作用是连接脐带缆与水下液压执行机构,并有固定脐带缆的功能。直接液压控制系统使用初期是开环结构,即阀门关闭时液压执行机构中的液压油在回复弹簧的作用下直接排放到海水里;与开环结构对应的是闭环结构,即阀门关闭时液压执行机构中的液压油返回液压动力单元的油箱。目前,世界各国出于保护海洋环境的需要,已经开始限制开环系统的使用。在直接液压控制系统中,水下无反馈信号,水上监控系统通过液压控制管线的供油压力、回油流量或压力间接判断系统的工作状态。

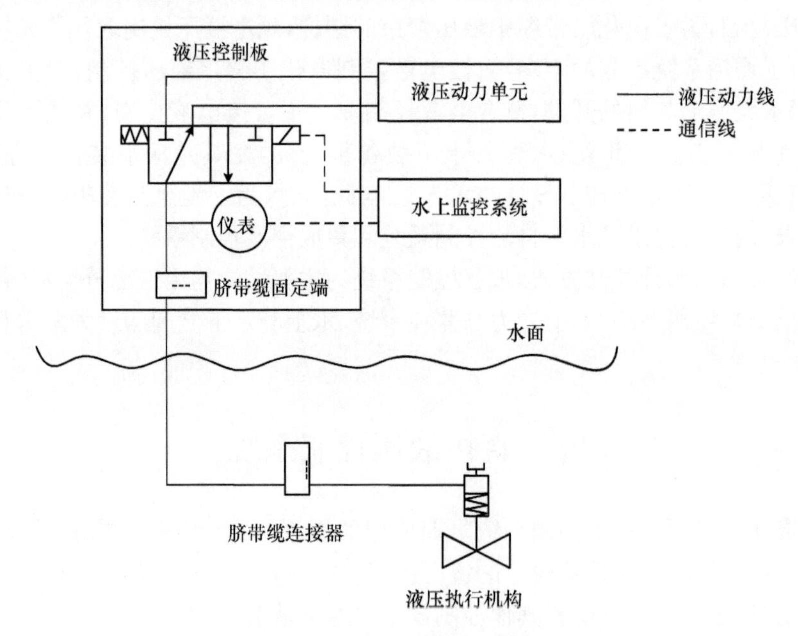

图 95-1 直接液压控制系统原理图

直接液压控制系统的响应时间与控制距离、液压执行机构容积、液压管束内径、液压油黏度等有直接关系,尤其是控制距离和液压执行机构容积。直接液压控制系统的控制距离一般限制在 3km 以内。直接液压控制系统结构简单、可靠性高、维修容易,多用于控制距离较短的单个卫星井油气田的开发。但是当控制距离增加时，液压动力损失严重、系统反应速度慢；水下液压执行机构数量较多时，脐带缆中液压控制管束的成本也相应增加。目前，直接液压控制系统使用较少。

96　先导液压控制系统

随着海洋油气田开发过程中水深和井口数量的增加，直接液压控制系统的使用受到限制。为了提高系统响应速度，国外提出了先导液压控制系统解决方案，系统的结构原理如图 96-1 所示[86]。

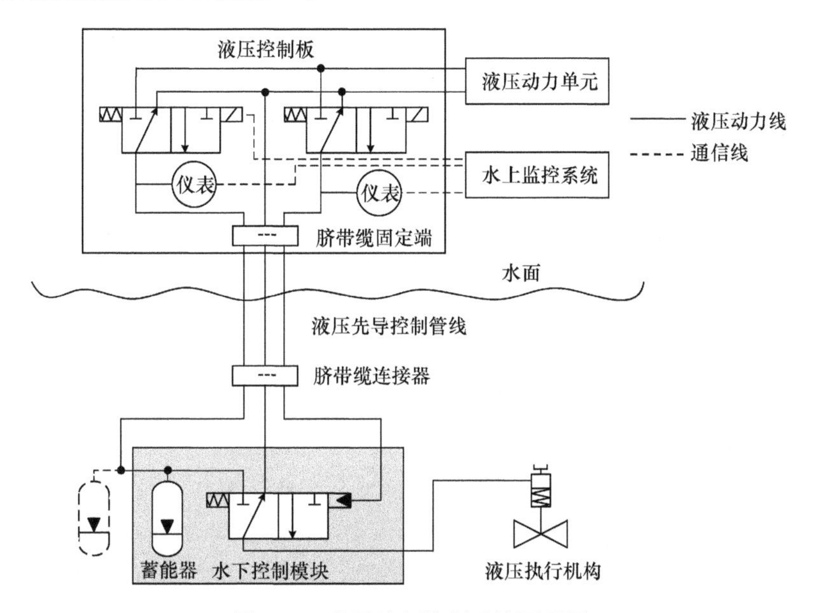

图 96-1　先导液压控制系统原理图

先导液压控制系统的水面控制设备与直接液压控制系统的相同，但是功能却发生了变化，主要体现在液压控制板上的电磁换向阀不再直接控制作用在液压执行机构上的液压油的通断，而是为水下液压先导阀提供液压工作切换的控制信号，并控制水下液压动力的配送。水下液压先导阀的控制压力可以低于(或等于)液压动力配送的压力，实现用低压液压控制水下远距离的装备，从而延长控制距离。水下控制设备包括水下控制模块(SCM)、水下蓄能器和脐带缆连接器。SCM 内部只有液压先导阀，无水下电子模块。SCM 为液压先导阀提供一个独立的工作环境和液压功能接口，每个液压先导阀控制一个液压执行机构。

液压功能接口有如下四种：

(1) 与脐带缆中液压先导控制信号对应的液压先导阀的控制接口。

(2) 与水下蓄能器下游液压管线对应的液压动力供给接口。

(3) 与液压执行机构对应的液压控制功能接口。

(4) 液压回油接口。

水下蓄能器结构有两种形式:一种是单体式蓄能器;另一种是模块式蓄能器,又称蓄能器模块(SAM),为可回收结构。水下蓄能器是SCM控制液压执行的直接液压动力源,它既可以安装在水下采油树本体上(两种结构形式均可),又可以安装在SCM内部(限于单体式蓄能器)。水下蓄能器由脐带缆中的独立液压管线供给液压油,其体积取决于响应时间要求、执行器供油管线尺寸和液压缸容积。SAM和SCM有独立的安装基座,可以进行单独回收和二次下放安装。根据水深的不同,单独回收下放时通常采用钢丝绳吊装,由ROV或潜水员辅助完成。脐带缆连接器的主要作用是连接脐带缆与SCM。脐带缆配置三种液压功能管线,分别为液压动力配送管线、液压先导阀的控制管线和系统回油管线。液压动力配送管线通常采用双冗余的结构。

与直接液压控制系统相比,先导液压控制系统有如下特点:

(1) 液压先导阀的动作过程中需要的液压油更少,所以脐带缆中液压先导阀的控制管线的内径通常较小,减少了脐带缆的体积。

(2) 先导液压控制系统动作时,从平台至水下采油树之间只有液压先导阀的控制信号,所以大大缩短了系统的响应时间。

(3) 控制液压执行机构的液压动力直接来自水下蓄能器,而不是来自平台,系统响应时间进一步缩短。

(4) 为脐带缆配置合适的液压先导管线,先导液压控制系统可以延长水下设备与依托设施之间的容许距离。

(5) 该系统使用范围通常为3～8km,控制功能限于卫星井油气田的开发。

由于先导液压控制系统增加了水下液压先导阀和水下蓄能器,所以增加了水下设备的安装和维修费用,目前使用较少。

97 顺序液压控制系统

直接液压控制系统和先导液压控制系统的共同特点是每个水下液压执行机构都需要一个独立的液压控制管线控制。两者的区别是,直接液压控制系统的每根液压控制管线直接控制水下液压执行机构;先导液压控制系统的每根液压控制管线控制水下液压先导阀。先导液压控制系统比直接液压控制系统增加了一根或双冗余的液压动力管线。这两种控制方式液压管线多,结构复杂。为了减少液压管线的数量,又不影响系统的控制距离,水下顺序液压控制方式提供了解决方案。顺序液压控制系统的结构原理与先导液压控制系统类似,如图97-1所示。

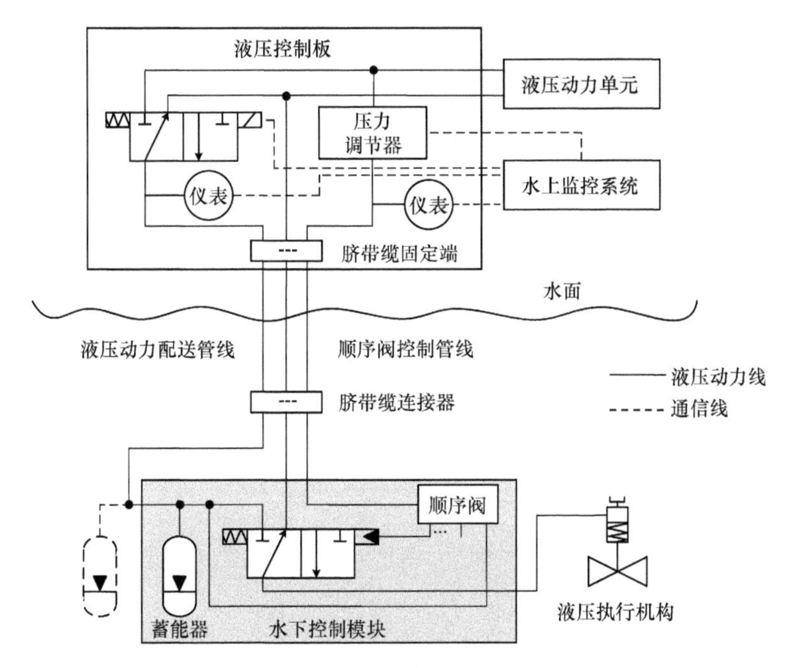

图 97-1　顺序液压控制系统原理图

相比于先导液压控制系统，顺序液压控制系统的水上设备有液压压力调节器；水下设备有 SCM、水下蓄能器和脐带缆连接器。SCM 内部配置顺序液压控制阀和先导液压控制阀，液压功能接口与先导液压控制系统的相同。顺序液压控制阀的输入是来自水上的液压压力调节器控制信号，输出是所有先导液压控制阀的控制信号，一个顺序液压控制阀可以控制多个先导液压控制阀。液压调节器可以产生一系列大小不同的压力，每一个压力等级对应液压执行机构的一组工作状态。先导液压控制阀在相关等级压力下激活，实现对液压执行机构的控制。该系统蓄能器的功能和结构与先导液压控制系统的相同。脐带缆配置三种液压功能管线，分别是液压动力配送管线、顺序液压控制阀的控制管线和系统回油管线。动力配送管线和控制管线一般采用双冗余结构。因此，水上设备与水下设备之间最多只需配置五根液压功能管线就可以控制水下预设逻辑功能的设备，从而大大减少了液压管线的铺设数量。水下检测功能方面，顺序液压控制系统与直接液压控制系统相同。

相比前两种液压控制系统，顺序液压控制系统减少了液压控制管线的数量，降低了脐带缆的重量与成本，节省了水下安装费用。但是，液压执行机构的开关顺序是预先设定的，顺序液压控制系统不能单独操作各个液压执行机构，系统灵活性差，不适合复杂的逻辑控制。顺序液压控制系统响应时间与先导液压控制系统基本相同。控制距离方面，由于顺序液压控制阀需要在精确的预定控制压力区间内工作，所以系统使用过程中必须减少顺序液压控制阀控制压力的沿程损失与压力波动。顺序液压控制距离较短，一般为 2～3km，控制功能限于卫星井油气田的开发，通常作为复合电液控制系统的备用系统[87]。

98　直接电液控制系统

顺序液压控制系统简化了系统结构、提高了系统可靠性，但是水深增加时顺序液压控制阀的控制压力损失严重，压力不准确，容易产生误动作；系统响应时间长，不能满足紧急事故处理的要求。为了解决深水长距离水下实时控制问题，国外提出了直接电液控制系统。直接电液控制系统用电控信号代替液压控制信号，从根本上缩短了控制系统的响应时间。直接电液控制系统的原理如图 98-1 所示[88,89]。

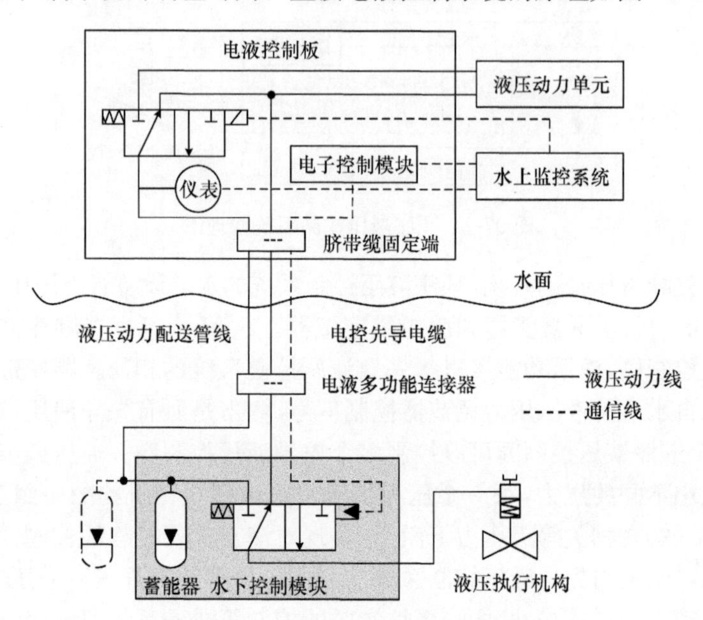

图 98-1　直接电液控制系统原理图

相比上述三种纯液压控制系统，直接电液控制系统的水上、水下设备的结构都发生了变化。水上设备除 HPU 和电液控制板外，还增加了用于控制电磁换向阀的电子控制模块，其主要功能是发出电磁换向阀的控制信号。控制信号一般为 24V 直流(DC)电压，通过脐带缆传送到 SCM 内部的电磁换向阀控制端。水下设备有水下控制模块、水下蓄能器和电液多功能连接器。水下控制模块为电磁换向阀提供了一个绝缘、散热功能良好、隔离海水的密封工作环境，同时提供了电气和液压功能的接口。脐带缆配置有液压动力配送管线和回油管线，同时为每个电磁换向阀提供独立的控制电缆。蓄能器的作用与上述几种液压控制系统的相同。

SCM 和 SAM 也可以单独回收和二次安装。同时，该系统可以提供水下监测数据。直接电液控制系统采用电磁换向阀代替水下液压先导阀，控制指令响应时间短、系统响应速度快，理论上使用距离不受限制，每个液压执行机构可以独立控制。

相比前述三种纯液压控制系统，直接电液控制系统的脐带缆中减少了液压管线数量，降低了对液压组件的功能要求。但是，直接电液控制系统通过脐带缆中多根独立电缆将平台上的电控信号直接传输到水下电磁换向阀的控制端，所以该种系统增加了脐带缆的成本，而且当水下采油树与生产平台之间距离增加时，电缆中电量损失比较敏感。系统对脐带缆的要求与被控设备的数量呈比例增加。该系统的控制距离一般为 7km，控制功能限于卫星井油气田的开发。

99 复合电液控制系统

随着深水油气田的大规模开发，油气田区块呈现开发范围大、开发环境温度低、流体温度压力高、不同井口流体温度压力差异大等特点，同一井口不同生产阶段的流体特性也不尽相同，而且深水维修安装作业费用高。因此，在开发复杂工况条件下的大型油气田时，水下控制系统必须满足长期、安全、灵活控制的要求。上述四种控制系统使用受到了限制，开发深水资源面临新的挑战。为此，国外石油公司研制了复合电液控制系统，很好地解决了深水大区块油气田开发的控制要求。目前，复合电液控制系统是开发海洋油气资源的主流控制系统，尤其在深水大型油气田的开发中得到广泛应用，其系统结构原理如图 99-1 所示，其中细实线表示液压动力；点划线表示电力供给；虚线表示通信信号。

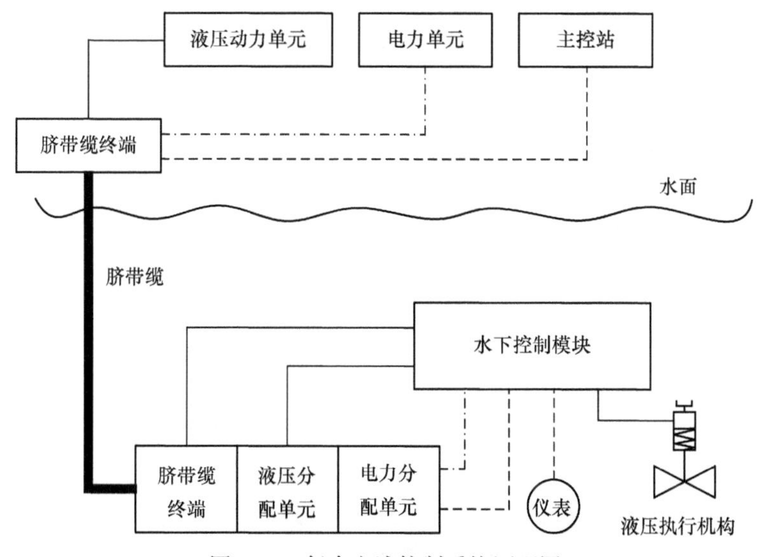

图 99-1 复合电液控制系统原理图

复合电液控制系统的水上设备有液压动力单元、电力单元、不间断电源、主控站和水上脐带缆终端等;水下设备包括脐带缆、水下控制模块、水下分配单元、跨接软管和跨接缆等[90]。

相比上述四种控制系统,该系统的水下控制模块的内部结构和控制功能发生了巨大变化,其内部增加了具有计算机功能的水下电子模块(SEM),即水下中央处理器。为了增加控制系统的可靠性,SEM 一般采用双冗余结构[91]。SEM 提供了智能井接口标准化(intelligent well interface standardization,IWIS)接口和水下仪器接口标准化(subsea instrument interface standardization,SIIS)接口[92],具有紧急停车(emergency shutdown,ESD)功能和强大的数据处理功能,控制逻辑可以在线修改。同时,SEM 可以直接控制电液换向阀,采集水下生产状态数据,并把水下工况参数实时传送至水上监控系统,从而实现对水下生产状态的实时监控。水下控制模块内部安装了具有电脉冲激励开启和液压自锁保持阀位功能的电液换向阀,阀位切换只需要几秒钟的电信号,从而可降低系统能耗、减少散热量、延长使用寿命。

水下控制模块的监控对象更加广泛,包括采油树、管汇、管汇终端、管线终端、井下安全阀、水下增压设备和水下分离设备等;监测参数更加复杂,包括调节阀阀位、化学药剂注入流量和压力、井口油气温度和压力、井下温度和压力、油气含砂量、油气流量、清管通球位置和设备运行状态等;安装位置更为灵活,可以集中安装或单独安装在被控设备上。一个水下控制模块也可以控制多个水下设备,如多个采油树共用一个 SCM 或者采油树与管汇共用一个 SCM。

水下分配单元又称脐带缆终端总成(UTA),由脐带缆终端(UTH)、电力分配单元(EDU)和液压分配单元(HDU)组成。UTH 固定安装脐带缆、连接 EDU 和 HDU。EDU 通过跨接缆为水下控制模块提供电力,同时集成水上设备与水下设备之间的通信功能。水下电气连接采用 ROV 操作的湿式电接头;通信采用 ROV 操作的光纤接头。HDU 通过液压飞线为水下控制模块提供液压动力。液压飞线两端分别配置 ROV 操作的多重快速连接器(multiple quick connector,MQC)。

复合电液控制系统同时使用独立的蓄能器和蓄能器模块作为液压动力源,所以系统液压动力供给功率更大、压力更平稳,能够同时满足控制多个设备的要求。独立的蓄能器与水下控制模块集成在一起,而蓄能器模块通常安装在水下分配单元。蓄能器包括高压蓄能器、低压蓄能器和压力补偿器。高压蓄能器为井下安全阀提供液压动力;低压蓄能器为水下液压执行机构提供液压动力。

水下设备与水上设备之间采用编码和解码的方式实现双向通信,通信方式可以选择光纤、电缆或双绞线。当水下生产工艺发生变化时,水上监控系统可以对水下电子模块的控制逻辑进行在线组态,而不需要改变水下控制模块的硬件结构,减少了维修费用。水上设备与水下设备之间的脐带缆结构比较复杂,内部有液压动力管线、回油管线、动力电缆、光纤(如果采用光纤通信)和化学药剂管线等。

复合电液控制系统具有控制距离长、功能灵活、响应时间短、安全事故处理能力强、水下控制设备和水上监控系统可以实现实时双向通信的特点。复合电液控制系统已经成为行业的研发重点,特别适用于深水大型油气田多井项目的开发,控制距离最远可达 8km 以上。但是,该系统结构复杂、设备成本投资大、安装维修费用高,对系统组成元件的可靠性提出了更高要求。

100　全电控制系统

复合电液控制系统在动力配送过程中沿程温度降低、液压油黏度升高,导致压力损失严重、动力配送效率低、液压管线易堵塞,甚至引起管线爆裂、污染海水。此外,深水油气田一般呈现高温高压的特点,需要更高压力的液压动力才能满足控制要求[93,94]。如果采用上述五种以液压为动力的控制系统,液压动力必须采用高压配送方式。高压配送方式对脐带缆结构强度提出了更高的要求,增加了脐带缆的费用。所以,为了提高控制系统的工作效率和可靠性,同时考虑保护海洋环境的要求,国外在 20 世纪末开始研制水下全电生产系统,并推动了水下全电控制系统的发展。全电控制系统结构原理如图 100-1 所示,图中只显示了动力配送过程,其中虚线表示电力供给,点划线表示可选(或备用),细实线表示高压液压管线。

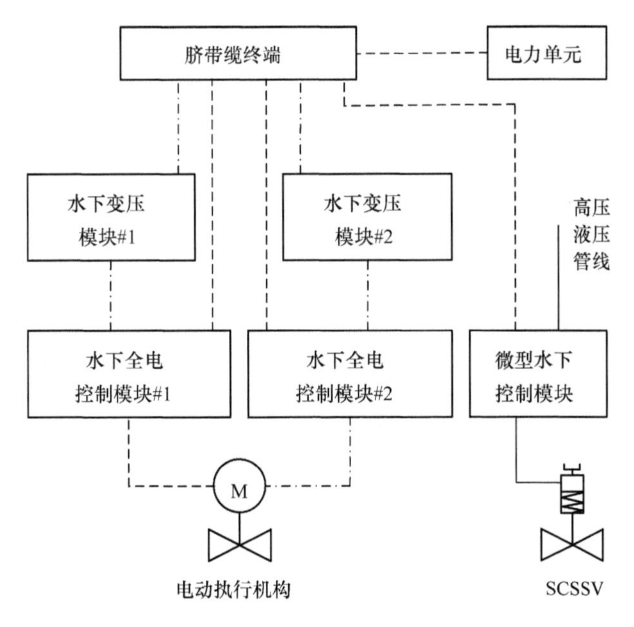

图 100-1　全电控制系统结构原理图

图 100-1 中，对于水下井口头以上的设备，全电生产系统采用电动执行机构取代了液压执行机构，电动执行机构设计满足标准 IEC 61508 SIL2 的要求。对于安装在水下井口头以下的井下安全阀的控制，由于目前电动执行机构的技术无法满足井下电动安全阀设计与制造的需要，所以全电生产系统在测试阶段仍然采用液压控制的井下安全阀，高压液压动力可以来自复合电液控制系统的液压动力单元或水下液压分配单元。控制井下安全阀的设备为微型水下控制模块。目前，国外井下安全阀的供货商正致力于电动安全阀制造技术的研究，同时提出在全电生产系统测试阶段采用在井口附近配置水下液压动力单元的方法，单独为井下安全阀提供高压液压动力，从而彻底实现脐带缆中无液压动力配送管线的目标。但是这两种解决方案均处于设计阶段[95]。

全电控制系统的水下核心控制设备是水下全电控制模块(eSCM)，其主要功能是控制井口头以上的电动执行机构、采集生产过程数据、与水上进行双向通信、响应紧急停车(ESD)和生产停车(PSD)。水下全电控制模块设计满足标准 IEC 61508 SIL3 的要求，采用双冗余的 eSCM 结构，一个处于主控状态，另一个处于热备状态，且每个 eSCM 故障时可以独立回收。双冗余的 eSCM 之间采用以太网实时通信。电动执行机构的电力供给和控制信号来自 eSCM，两者之间通常采用 CanBus 通信。eSCM 的内部配置以太网路由器、电源模块、主控模块、电池充电模块、备用充电电池、电源管理模块、系统工作电压监测模块、电力切换模块、ESD/PSD 控制模块以及与 IWIS 和 SIIS 接口兼容的通信模块。全电控制系统的水下设备、水上设备之间通信与复合电液控制系统相同。

微型水下控制模块和 eSCM 的电力供给来自生产平台，目前主要有两种供电方式：230～600V 交流(AC)电压和 3000V 直流(DC)电压[96]。相比于交流供电，在相同功率的条件下，直流供电能量损失小，可以减少电缆横截面。电源模块又称水下变压模块(PRCM)，可以单独设计在 eSCM 外部。电源模块把 230～600V 交流电压转换为 30V 直流电压，或把 3000V 直流电压转换为 300V 直流电压。全电控制系统正常工作时，脐带缆为系统供电。当脐带缆供电故障时，备用充电电池自动切换为工作状态。

全电控制系统功能灵活、系统响应时间最短、控制距离长，特别适用于开发深远海油气田。全电控制系统减少了水上液压动力单元，脐带缆中无液压动力配送管束，对海水环境无液压油污染[97]。Cameron 公司和 FMC 公司分别于 2008 年在荷兰北海的 K5F 气田[98]和 2010 年在挪威北海 Tyrihans 气田[99]首次使用了全电水下采油树和全电控制系统，如图 100-2 所示。全电控制系统技术目前处于工程试验阶段，全电井下安全阀仍然是未解决的难题。但是，随着可靠性和关键技术的逐步完善，全电控制系统未来将与电液复合控制系统平分秋色[100]。

图 100-2 全电控制系统设备

101 水下自治控制系统

目前，各国石油公司在采用常规技术开发商业性油气田的同时逐步尝试依托现有生产设施开发边际油气田。当边际油气田距离依托设施较远时，常规的水下控制系统需要配置距离长、价格昂贵的脐带缆才能满足开发需求。从油气田开发的经济效益角度来考虑，常规水下控制系统的高成本限制了依托设施与边际油气田之间的最大回接距离，不能实现远距离边际油气田的开发，必须选用改进的技术才能获得良好的经济效益[101]。为此，国外提出了水下自治控制系统(SPARCS)[102]，该系统主要是通过简化常规控制系统中的脐带缆铺设和水上设备的复杂程度而降低控制系统的费用支出，其系统结构原理如图 101-1 所示。

水下自治控制系统包括水上监控设备和水下就地控制设备。水上监控设备位于依托设施平台上，由控制台、水声遥测系统和电力系统组成。水声遥测系统由水声发射机和水声接收机组成，同时配有水听器。水下就地控制设备包括安装在井口附近的自主运行的水下发电设备、充电电池、液压动力单元和水下控制模块。水下发电设备为水下液压动力单元和水下监控系统提供稳定的电力。目前，水下发电设备主要有两种，分别是涡轮驱动发电机和热电发电机。涡轮发电机通常采用注水井驱动，热电发电机的热源来自油气生产通道[103]。蓄电池可以采用海水作为能源[104]。液压动力单元提供两种控制压力，大大减少了液压动力配送过程中的能量损失。水下自治控制系统在运行过程中是一个闭式液压动力系统[105]，系统的回油均返回液压动力单元的油箱。水下监控系统配置有水下控制模块，其控制功能与复合电液控制系统中的水下控制模块类似，只是增加了声波通信模块。

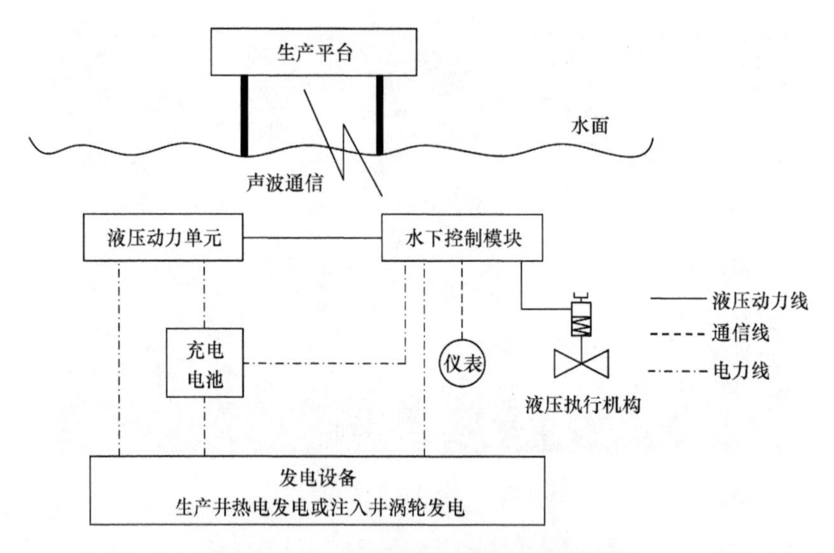

图 101-1　水下自治控制系统结构原理图

在水下自治控制系统中，水下设备与水上设备之间不需要脐带缆连接，减少了水上设备的载荷，系统可靠性高，可以用于大型边际油气田的开发，如爱奥尼亚海的 LUNA27 气田[106]。但是该系统的水下涡轮发电技术和热电技术需要进一步完善。声波通信过程同时受水深和海水温度梯度的影响，水深越深，海水温度梯度变化越剧烈，声波信号损失越严重。因此，水下自治控制系统只适用于开发中远距离的边际油气田，其控制距离一般小于 12km。

102　集成浮漂控制系统

依托现有生产设施开发深水或超深水、远距离或超远距离的边际油气田时，水下自治控制系统由于水下通信技术和水下发电技术不够成熟，使用受到了限制。如果采用上述几种有脐带缆的控制系统，脐带缆需要超长距离的回接，这样会增加开发成本，降低系统的可靠性。为此，国外提出了集成控制浮漂(ICB)解决方案，即集成浮漂控制系统，其结构原理如图 102-1 所示。

集成浮漂控制系统集成了配有脐带缆的控制系统的可靠性和水下自治控制系统的动力自给与无线通信的优点，系统配置方便灵活[107]。集成浮漂控制系统的基本概念是保证浮漂接近水下被控设备。浮漂与水下被控设备之间的短距离连接采用常规的电液脐带缆，所以控制设备的费用不受离岸距离的影响[108]。集成浮漂是一个动力自给的控制系统，有发电设备、蓄电池单元、液压动力单元和监控系统。发电设备为太阳能电池板，用来驱动液压动力单元，同时为监控系统提供稳定的电力供给。监控系统集成了复合电液控制系统的主控站和水下控制模块的功

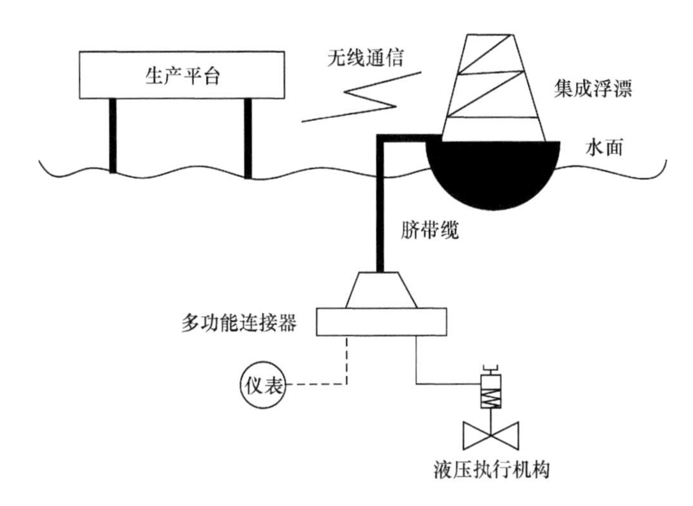

图 102-1　集成浮漂控制系统结构原理图

能，配置有水下数据采集系统、浮漂设备运行状态监控系统和无线通信设备。浮漂与现有平台、近岸之间的长距离通信采用无线电通信、卫星通信或水声通信[109]，通信距离可达数百公里。同时，浮漂与陆地上的计量站之间可以采用超高频(UHF)通信，从而建立一个互锁系统。集成浮漂控制系统结构简单，配置灵活，不受回接距离限制，适合于超远距离卫星井和短期油气田的开发，如测试油气田或小型边际油气田。澳大利亚的西北大陆架气田、巴西西北部的阿拉构阿斯 4-ALS-39 边际气田均采用了集成浮漂控制系统。

103　影响水下控制系统选择的因素

影响水下控制系统选择的因素包括：费用(使用寿命评估，其中涉及维护费用和控制系统失效导致的产量损失费用)、与依托设施的距离、响应时间要求和数据遥测要求。

全液压系统是最简单且最可靠的水下控制系统，与电液复合系统相比，它们的响应相对较慢，水下系统提供的数据遥测能力有限。选择使用全液压系统前，宜认真考虑应用场合的特殊要求，特别是数据需求和响应速度要求。通常，全液压系统适用于距离依托设施较近的单个卫星井和要求费用最低的项目。

SEM 增加了电液复合系统的复杂性，但缩短了其响应时间，可用于监视较大范围的数据遥测设备。通常，电液复合系统具有操作灵活、操作速度快和数据遥测的特点，适用于多井系统，开发过程中的井控/油藏监控。各控制系统优缺点比较如表 103-1 所示。

表 103-1 各控制系统优缺点比较

控制系统类型	主要部件	优点	缺点	范围	典型应用
直接液压控制系统	HPU； 控制面板； 脐带缆	简单； 没有水下控制盒； 高可靠性	最慢的响应速度； 脐带缆体积大	0～3mi	卫星井； 小油气田； 短距离； 本地管汇
先导液压控制系统	HPU； 控制面板； 脐带缆； 水下先导阀	更快的响应速度； 缩小的脐带缆体积； 较高的可靠性	脐带缆体积大； 超过 5mi 时，成本高昂	2～5mi	中等距离； 卫星井采油树
顺序液压控制系统	HPU； 控制面板； 脐带缆； 水下小型控制盒	对于选定的采油树阀门能够快速响应	脐带缆体积大； 超过 15mi 时，成本高昂	2～15mi	长距离； 卫星井采油树； 最小反馈
直接电液控制系统	HPU； 控制面板； 脐带缆； 水下控制模块	脐带缆中减少了液压管线数量； 缩短了控制系统响应的时间	回接距离增加时，电缆中电量损失比较大	0～5mi	适用于卫星井油气田
复合电液控制系统	HPU； 控制面板； 脐带缆； 水下控制模块	较快的响应速度； 水下数据反馈； 较小的脐带缆体积； 较强的灵活性	复杂； 水下电连接； 电子元件昂贵	>5mi	长距离； 数据反馈； 大基盘； 远程管汇； 复杂油气田
全电控制系统	电力单元； 控制面板； 脐带缆； 水下变压模块； 水下控制模块	最快的响应速度； 水下数据反馈； 控制距离长； 无污染； 最小的脐带缆体积； 最强的灵活性	处于工程试验阶段； 受全电式安全阀技术制约	>60mi	适用于开发深远海油气田
水下自治控制系统	水下液压动力单元； 水下控制模块； 充电电池； 发电设备	较好的经济效益； 系统简单； 可靠性高	声波信号损失受水深和海水温度梯度的影响严重	0～8mi	适用于中远距离大型边际油气田
集成浮漂控制系统	集成浮漂； 脐带缆	系统结构简单； 配置方便灵活； 不受回接距离限制	系统较为独立，受天气影响大	不受限制	适用于超远距离卫星井和短期油气田

1mi=1.61km。

104　水下控制系统设计与分析

1) 系统设计

水下控制系统依据的设计规范是 ISO 13628-6-2006[110]。该规范规定了水下控制系统的设计、建造、调试、安装、维护、技术文档及记录保存等全方面的要求，被当前国际水下油气工程界广泛承认和遵守。

系统设计应综合考虑项目的规模、井口的数量及其分布，了解项目的扩展需求，进而分析水下控制系统的总体结构，确定控制和通信方式。

(1) 主控制系统的总体设计选型。

水下控制系统的控制方式有直接液压控制、复合电液控制、全电控制等。其中，主控站(MCS)有基于 PC(计算机)和 PLC(可编辑逻辑控制器)两种，均可实现水下控制功能；但基于 PLC 的 MCS 可按照 IEC 61508[111]和 IEC 61511[112]要求实现高可靠性的安全关断(如 PLC 的 SIL 等级为 1 或 2)。MCS 若不是基于安全型 PLC，则可通过平台 ESD 系统直接关断 EPU 和 HPU，即可停止水下生产。是否采用基于安全型 PLC 的 MCS 系统，主要应有以下考虑：

① 不把 MCS 当做应急安全关断系统时，可以通过平台 ESD 系统直接关断 EPU 和 HPU 实现安全关断，这就可以不使用安全型 PLC。

② 当把 MCS 视为应急安全关断系统(ESD)的一部分时，MCS 必须能够直接关断水下设备，这时候需选择安全 PLC。

水下控制由水下控制模块(SCM)完成，SCM 安装于井口，能够自动或人工控制水下井口的液压、电力、通信和化学药剂注入等功能。当井口距离水上控制系统较近时，也可以采用直接液压控制，这样能极大地增加控制的可靠性并显著降低费用。

(2) 液压动力系统设计。

液压动力系统基于液压分析的结果获得生产系统的开启时间和 ESD 关断时间。为保证液压动力系统能够稳定可靠地工作，液压回路的清洁度等级至少需要满足 AS 4059 的 6B-F。HPU 必须配有高压蓄能器和低压蓄能器。低压蓄能器有两个，最小为 37L；高压蓄能器也有两个，最小为 10L。

采油树上的控制模块液压入口需配有液压蓄能器，该蓄能器能在液压泵失效下，12h 内维持该树上的阀门处于打开状态。

(3) 电力和通信系统设计。

电力单元(EPU)负责向 MCS 和 SCM 提供电力。通过电力系统分析可确定脐带缆动力电缆的横截面直径和电压等级。

MCS 与水下设备的通信方式主要有三种：

① 光纤通信；

② 直接硬线通信；

③ 电力载波通信。

光纤通信的设备价格较贵但可靠性高，适合规模较大、井口分布范围广泛的项目；直接硬线较光纤便宜，可靠性也高，适合井口分布距离近的项目；电力载波价格最便宜，但可靠性稍低，适合规模较小但井口分布较远的项目。

(4) 控制系统的通用要求。

MCS 通常是一个机柜，安装在平台的中控室内。机柜内安装有冗余的 PC 或 PLC 模块用于控制和监测 PCS、EPU、HPU 和 SCM 等设备，并记录设备的生产数据；MCS 对可靠性要求较高，除了具备冗余的控制设备外，还具有冗余的工程师站，任何通信中断都能在工程师站自动报警。

SCM 能够执行井口关断和与 MCS 通信。该模块包括高低压蓄能器、水下电子模块、内部传感器、阀门电子模块、压力补偿、滤器、液压管线等。

2) 系统分析

为保证水下控制系统能够满足控制和安全性能要求，水下控制系统需进行液压和电气分析，并通过计算获得直观的可靠数据，作为控制系统设计选型的基本依据。

(1) 液压分析。完整的液压系统包括 HPU、TUTA、脐带缆(至 SUTU 1)、脐带缆(至 SUTU 2)、采油树及静下安全阀。

液压分析的项目是充液时长分析和 ESD 关断时长分析。液压系统分析前，需确定系统的基本参数(表 104-1)，然后完成分析验证。

表 104-1 系统的基本参数表

序号	参数
1	系统类型
2	液压油类型
3	冗余
4	高压工作压力
5	低压工作压力

根据采油树通常的液压工作范围，预先假设高压与低压的液压压力等级，然后通过液压软件建模分析核算。

(2) 电气分析。电气回路在基本设计阶段仅作粗略分析，应综合考虑项目的规模、井口的数量以及采油树 SEM 配置，了解项目的扩展需求，从而确定水下控制系统的总体结构。

(3) 根据液压分析和电气分析可获得脐带缆的液压管线尺寸和电缆尺寸，并作为脐带缆选型的基本依据。

总体而言，水下控制系统设计包含以下几个阶段：

(1) 油气田规模分析。

(2) 总体系统控制方式选型。

(3) 系统的电/液分析。

(4) 对控制系统、脐带缆和水下控制模块提出具体技术要求。

水下控制系统的设计需要立足于井口水深、开采方式及井口到水上采油设备的距离远近，对其控制方式进行可行性、可靠性和费用比较，最终完成水下控制系统的设计。

105　主　控　站

主控站(MCS)是水下控制系统的控制中枢，一方面，通过主控站给水下控制模块(SCM)发送指令，从而控制水下生产；另一方面，通过控制水下采油控制模块采集水下采油设备上传感器的信号，对水下生产的情况进行全面监控，以保证水下生产的顺利进行。

MCS不但控制与监测水下的设备，同时对水上液压动力源和电力单元等提供完整的控制与监测。主控站可以通过电-液混合脐带缆对SCM进行动力供给、控制、监测一体化作业，其控制柜集成了工业计算机、平板显示器、鼠标、键盘以及电力供给单元等(图105-1)。

图105-1　Weatherford公司的MCS

106　主控站的控制对象

主控站实现水下生产系统的遥控和遥测功能，应该安装在安全区。主控站根据实际需要应具备以下功能[113,114]：

(1) 在现场环境中安全工作。

(2) 与依托设施的安全系统相对应。

(3) 提供有效的操作接口。

(4) 超限(失效)显示和报警。

(5) 显示操作状态。

(6) 提供关断能力。

可选择的附加功能如下：

(1) 阀门的顺序操作。

(2) 软件互锁。

(3) 与依托设施的过程控制互连。

(4) 数据采集和存储。

(5) 与控制中心的远程通信。

(6) 与钻/修井船的遥控关井系统间的接口。

(7) 初步检测泄漏的压力变化率。

(8) 通过压力/温度(P/T)曲线进行水合物探测。

(9) 通过油嘴的阀位和油嘴上下游压力传感器的探测进行流量控制。

水下控制系统的应用软件力求简单，内部互锁的数量应最少，同时主控站或分散式控制系统应为水下控制系统提供与所选配置相适应的操作员接口和自动功能。

107　水下控制系统的通信方式

目前国内外水下控制系统发展比较成熟的公司有 FMC 公司、Weatherford 公司、Aker 公司及 GE 公司等，它们的水下控制系统采用的通信方式如表 107-1 所示。

表 107-1　国外知名公司水下控制系统的通信方式及主控站的特点

<table>
<tr><th>公司</th><th>名称</th><th>通信方式</th><th>通信介质</th><th colspan="2">特点</th></tr>
<tr><td>FMC</td><td></td><td>Ethernet
CanBus</td><td>电力载波、光纤</td><td colspan="2">(1) 可靠性高、成本低、标准化的软件和硬件；
(2) 主控站和人机界面应用技术的硬件体系结构运行在一个完全冗余的并且具有 99.999%正常运行时间的计算机上；
(3) 高速电力通信速率高达 56.6Kbit/s；
(4) 光纤通信速率高达 1Gbit/s；
(5) 电力与光纤通信距离超过 250km，不带中继器，兼容更长的电信终端系统</td></tr>
<tr><td>Weatherford</td><td></td><td>ModBus
Lonworks</td><td>依赖于现场设施，可选电力载波、光纤、双绞线</td><td colspan="2">(1) 基于可靠的 PLC 控制；
(2) 双重冗余的 PLC 设定为“热备份”中央处理器单元，同时带有与之相关的输入、输出及通信模块；
(3) RS-232 或者 RS-485 串行输入输出通道，接收来自 Gould ModBus 协议的命令；
(4) 两个通过 Lonworks 电力线载波的通信渠道；
(5) 对中央控制室或独立面板的控制；
(6) 双冗余的 RS-485 接口；
(7) 用于远程控制与监测的数据采集与监视控制系统(SCADA)接口</td></tr>
<tr><td rowspan="2">Aker</td><td>SMACS6</td><td rowspan="2">工业标准通信协议如 ModBus 等</td><td rowspan="2">电力载波、光纤</td><td>双冗余工业 PC 控制，运用在标准 64 位微软视窗服务器 2008 版的操作系统</td><td rowspan="2">(1) 支持第三方设备接口；
(2) 远程访问网络客户端；
(3) 模块化设计，带有工业标准柜；
(4) 高效的可靠性和热交换性</td></tr>
<tr><td>ICON</td><td>(1) 双冗余的 PLC 控制，标准化的硬件和软件；
(2) 显示器使用 ICONICS GENESIS32 SCADA 应用程序</td></tr>
<tr><td>GE</td><td></td><td>FieldBus</td><td>光纤</td><td colspan="2">基于充分灵活的 PLC 结构与一个以太网通信总线，其模块化设计容易配置的同时，提供了广泛的性能及最大化正常运行时间</td></tr>
</table>

108　电力单元

电力单元(EPU)是一个总成,它通过电缆和水下电力分配系统为水下控制模块(SCM)提供所需电力,同时监视脐带缆中及冗余电源电路的状态,以便电路受损时能够隔离电路,EPU 中的过滤器和调制解调器使 MCS 与 SCM 之间的通信信号能够通过相同的电路传输,如图 108-1 所示。

图 108-1　电力单元

电力单元通过电缆,再经过水下电力分配系统给水下控制系统提供稳定的电源。对于复合电液控制系统,既可独立安装,也可以和调制解调单元组合在一起。电力单元还包括安全设备,以确保出现电气故障时人员和设备免受危害。如果脐带缆中有冗余导线并且电力单元对脐带缆中每对导线的输出电压可单独调节,那么每对导线应该与系统的其余部分相互隔离。

电力单元的功能如下:

(1) 给水下控制系统的分配网络提供了一种控制、监测、电隔离和稳定的双重冗余供电。

(2) 每个通道有电压、电流、线绝缘监测。

(3) 具备局部的电流电压模拟与报警指示器。

(4) 提供主控站与水下控制模块之间的电源与通信接口。

(5) 可以显示位于前面的控制面板上的每个线路的输入参数。

(6) 可以给主控站传递指定的工作参数。

不间断电源(UPS)主要向 EPU、调制解调单元和主控站、液压动力单元中 PLC 等关键部件提供安全和可靠的电力供给,液压力动力源中的电泵由发动机供电。不间断电源能保证在系统断电的情况下，为系统中的关键部件不间断地提供电力至少30min以上，如图108-2所示。

图108-2　不间断电源

109　液压动力单元

液压动力单元(HPU)是一种设计用于供应可生物降解水基液压油或矿物液压油的橇装装置，对水下设备上的水下阀门进行控制，如图109-1所示。

图109-1　液压动力单元

液压动力单元出口的低压液或高压液首先通过脐带缆，然后通过水下液压分配单元传输给水下控制模块，最后由水下控制模块直接控制水下生产设施上液压阀门的开关。

典型的 HPU 由一个供油箱、一个回油箱、用于各个压力系统的泵以及一个用来注油和冲洗的循环泵组成。

为了实现冗余功能，双机系统的每个压力系统通常都配有一个超前/滞后模式的电动泵和气动泵。

压力泵是从供油箱通过重力供油的。每个泵压系统通过双过滤装置排出油液，在一组蓄能器瓶组中蓄能，然后将橇块引出到脐带缆系统中。可使用手动阀手动隔离或使用电磁阀安全关闭脐带缆系统。

HPU 系统既可在本地控制，提供远程警报，也可通过平台分布式控制系统(DCS)或水下系统 MCS 远程控制。

110 水下控制系统蓄能器的主要作用

液压控制距离越长，压力能在管路上的损耗越大，而水下控制系统的液压管路长达几千米，有的控制系统脐带缆的长度甚至超过了 100km，所以水下供油管内的压力能在短时间内无法驱动多个水下阀门执行机构，在水下阀门执行器附近安装蓄能器可以解决这个问题。水下蓄能器可以为水下阀门执行器的频繁动作提供足够的流量。当发生故障时，水下蓄能器可以作为水下应急液压动力源，驱动各执行器达到安全工作状态，避免发生事故，从而提高水下液压系统的可靠性。蓄能器是按力平衡原理，使工作液体(油)的体积发生变化，从而达到存储和释放液压能的一种装置。水下蓄能器的用途可概括为储存液压能、缓冲和消除液压冲击或压力脉动、提高动态稳定性三方面，如图 110-1 所示。

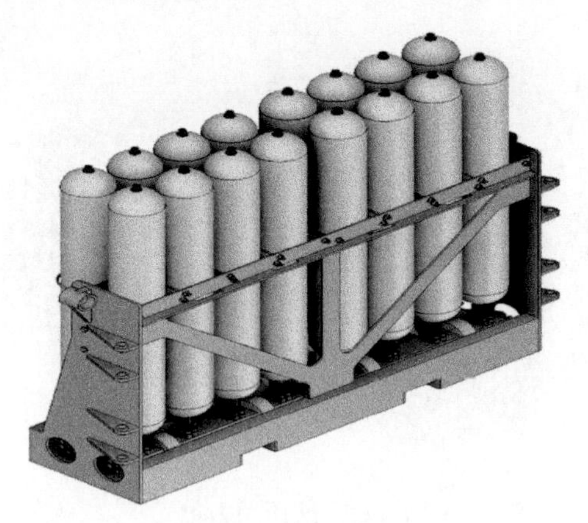

图 110-1 水下蓄能器

111　上部、水下脐带缆终端总成和水下分配单元

1）上部脐带缆终端总成

上部脐带缆终端总成（TUTA）位于上部平台，是水下脐带缆与液压动力单元（HPU）、化学药剂注入泵以及电控设备之间的接口。TUTA 由管网、阀门以及仪表组成，引导化学药剂和液压液流入或流出水下脐带缆。它还可包括一个用于电力传输和通信电缆的接线盒，如图 111-1 所示。

图 111-1　TUTA

2）水下脐带缆终端总成

水下脐带缆终端总成（SUTA）位于海底，在控制脐带缆和水下系统之间提供液压、化学药剂和电力分配。SUTA 作为海底脐带缆的终端，通过飞头分配液压、化学药剂和电力，飞头连接到水下采油树及其他水下设备如 SDU 和水下管汇，如图 111-2 所示。

3）水下分配单元

水下分配单元（SDU）是安装在海底的水下分配设备。将从 SUTA 接收到的电力、电信号、光纤信号、液压液以及化学药剂分配给水下采油树、管汇等多个水下生产设施。SDU 从 SUTA 上面移除了分配功能，减小了 SUTA 的尺寸和安装难度。SDU 比 SUTA 更易回收，可以在不影响水下脐带缆的前提下，方便更改配置或升级，如图 111-3 所示。

图 111-2　SUTA

图 111-3　SDU

112　水下控制模块

水下控制模块(SCM)是水下控制系统的核心,主要用于监测并记录水下设备的温度、压力、流量及其开关状态等信息。其主要功能为:控制水下采油树和管汇上各种控制阀门的开关状态并进行监测,以控制生产管汇内的流量;按照预先设定的逻辑程序对水下设备进行控制;通信状态监控;液压供给压力监控;监测水下设备的工作状态并将其传递至水面上;在水下设备工作异常时发出警告;在任何参数超出安全范围时自动关井；在紧急情况下关井[115-119]。水下控制模块如图 112-1 所示。

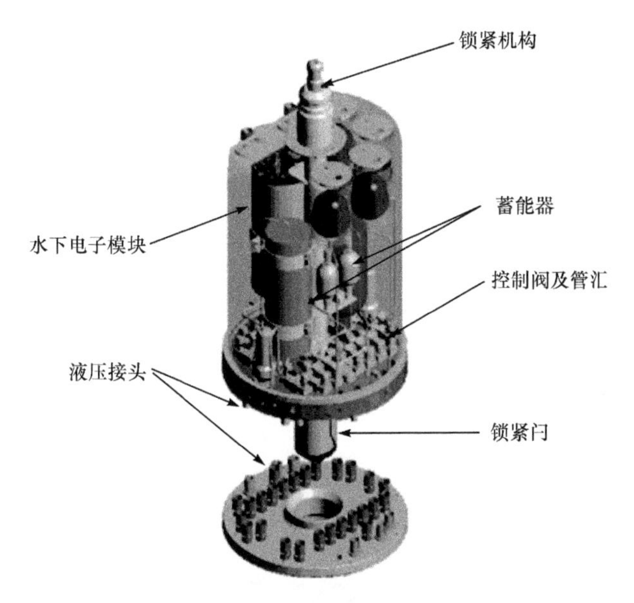

图 112-1　水下控制模块

水下控制模块主要包括以下部件：

(1) 电液或液压控制阀和其他阀体，如单向阀。

(2) 直通接头(电气或液压)。

(3) 液压管汇和管道。

(4) 内部传感器和发送器。

(5) 过滤器。

(6) 蓄能器。

(7) 压力补偿器。

(8) 增压器。

(9) 减压器。

(10) 化学药剂注入调节阀。

(11) 水下电子模块。

水下电子模块(SEM)是 SCM 中的电子模块，是 SCM 的核心控制装置，它可以监测水下生产系统运行的参数，并进行传输。通过安装在水下采油树等水下生产设备上的压力、温度等传感器对井下压力、温度、生产压力、环空压力等进行监测，为海上油气田的安全生产和运行管理提供所需信息，如图 112-2 所示。SEM 具体监测内容如下：

(1) 生产压力。

(2) 环空压力。

(3) 生产温度。

(4) 采油树阀门位置。

(5) 采油树阀门压力。

(6) 油嘴位置。

(7) 油嘴压差。

(8) 出砂监测。

(9) 井下监视。

(10) 多相流量。

(11) 腐蚀监测。

(12) 清管检测。

图 112-2 水下电子模块

水面控制系统需监测的参数信息会根据具体油气田开发方案和运行管理模式的要求而有所变化,但生产压力、生产温度、环空压力、油气泄漏监测、采油树阀门位置、油嘴位置、油嘴压差和井下环境监测是每个油气田必须考虑的监测参数,因为这些参数直接反映油气田运行的安全情况。

另外,为保证水下控制模块正常运行,其内部也需要进行监测。具体监测内容如下:

(1) 液压供给压力。

(2) 通信状态。

(3) 水下电子模块状态。

(4) SEM 内部温度。

(5) SEM 内部压力。

(6) 自诊断参数。

(7) 液压液流量。

SEM 一般采用冗余备份式设计，在其中一个电子模块不能正常运行时，另一个电子模块工作，保证水下控制的正确性和可靠性，避免因意外造成的停产或安全事故。

113　水下控制模块安装基座

水下控制模块安装基座(SCMMB)为水下控制模块与采油树或其控制的管汇/井口底盘系统和遥感器之间的联系结构，如图 113-1 所示。

图 113-1　典型的水下控制模块安装基座

SCMMB 采用全焊接工艺，由碳钢材料制造，表面涂敷防腐蚀涂层，通过螺栓连接并接地刀海底防护机构。

SCMMB 通过一块水平不锈钢板与水下控制模块对接，并提供垂直向上布线的连接线。按照 API 17H 规定装有立管和一个 ROV 锁紧接口，以方便 ROV 的安装；ROV 用于水下控制模块的停放、着地、布置和位置锁定。SCMMB 一侧的垂直面用作电力和信号电缆的接口，配有电连接器，同时用作低压、高压液压供应的接口。

114　水下控制模块内外压差的平衡方法

水下控制模块是集机、电、液系统于一体的设备。在正常工作状态下，大部分内部器件都需要与海水隔离，防止海水腐蚀，造成功能损坏。水下控制模块处于深水，外壳要承受很大的压力。如果采用耐压舱体设计，不仅增大设备的重量和体积，而且密封可靠性也会降低。一般水下控制模块保护罩设计为保壳结构，水下控制模块内部充满硅油，通过压力补偿器平衡薄壳内外压差。只需将水下电子模块设计为耐压结构，将水下电子模块内部电子元器件封装起来，内部液压元件（电液换向阀、蓄能器、阀块等）和液压管路均暴露在与海水压力相同的矿物质油中，压力补偿示意图如图 114-1 所示。

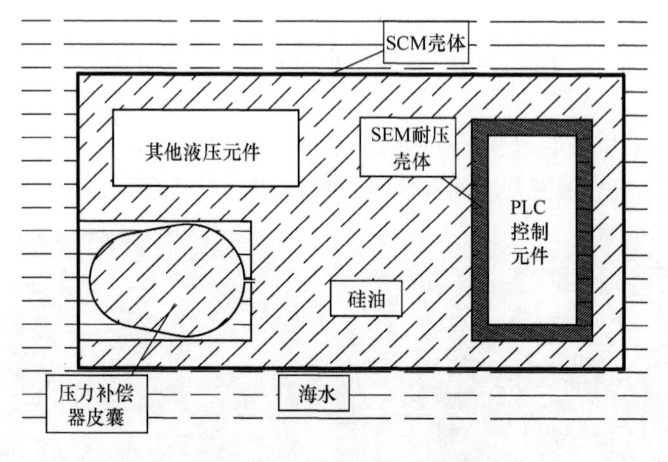

图 114-1　压力补偿示意图

115　水下控制模块的对接、锁紧及解脱功能

水下控制模块与水下采油系统的其他设备相比，可靠性较低，寿命也相对较低，内部的电控系统更容易出现故障。一旦出现故障，整个水下采油系统将失去控制。为了保证其他设备的可用性，水下控制模块设计成可维修和可更换形式。当水下控制模块出现故障时，可先按照预先设定的程序关闭采油系统，通过 ROV 和吊装机构把水下控制模块从水下控制系统中吊出到海上；然后对其进行维修或者更换；最后通过 ROV 和下放机构把水下控制模块安装到水下控制模块安装基座上，如图 115-1 所示。

水下控制模块一般安装在水下生产系统的橇体上，其安装基座固定在橇体上，水下控制模块在水下对接过程中安装于下放工具内部，由下放工具对其进行保护。下放工具上安有吊装机构及导向机构，先通过水下平台的操作，使下放工具与安装基座完成初步对接；之后，下放工具内的液压驱动系统驱动水下控制模块缓慢向下移动，进而使水下控制模块与安装基座完全对接。虽然下放工具上安装有导向机构，但是其定位精度一般无法满足水下控制模块液压接头在对接过程中所需的精度要求，所以水下控制模块上必须具有单独的定位精度较高的定位机构[120]。

图 115-1 水下控制模块对接锁紧示意图

116 水下控制模块引导对接的技术难点

水下控制模块本体是在水下实现与下接盘引导对接的,ROV 和下放工具为对接辅助工具。由于 ROV 在水下工作范围有限,很难达到像在陆地上人眼观测精准对接。其引导对接技术难点分析如下:

(1) ROV 水下作业通过人在水上进行操作,控制精度低,并且水下(尤其是深海)能见度低,对水上操作员造成了一定的影响。

(2) 水下环境中存在海流和波浪影响,会造成 SCM 在对接时难以对正,通过采用引导对接套筒能初步解决问题。

(3) 水下控制模块是要在水下实现多路液压接头同时对接,并且液压接头分布也不集中,这也会对对接过程造成影响。

117 水下控制模块的锁紧方式分类

水下控制模块的锁紧方式有十字锚式(图 117-1)、球锁式(图 117-2)、卡槽式(图 117-3)等。对接完成后,通过 ROV 旋转工具与锁紧机构端部的旋转接口内螺母套对接,再通过键套和法兰盘组成的旋转传动机构,让锁紧轴上下运动,进而通过锁紧机构实现锁紧。在锁紧过程中，给定 ROV 旋转扭矩最大值，当扭矩达到最大时，ROV 实现空转，防止对锁紧轴造成破坏。

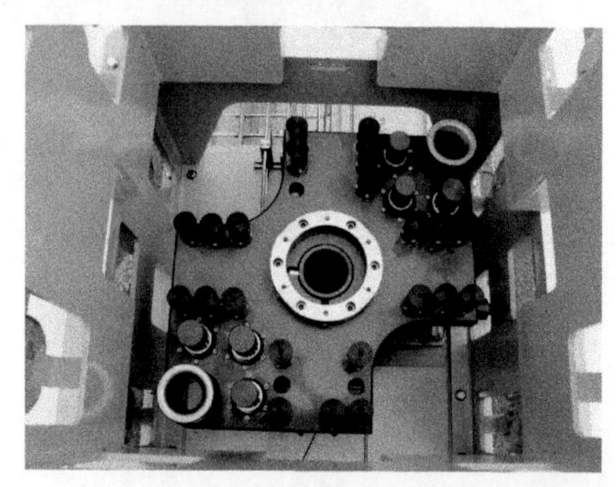

图 117-1 十字锚式

图 117-2 球锁式

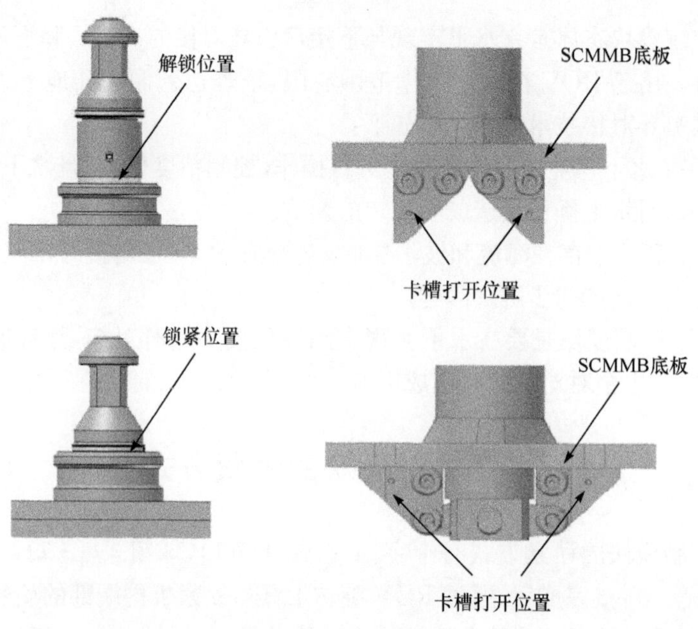

图 117-3 卡槽式

118 水下控制模块下放工具

当将水下设备下放到深海中时,因设备的尺寸较大和重量较重,必须使用一个下放工具,且要求用力将配接件一起下放,以及使设备锁定在合适位置。

水下生产系统的主要组件(如水下控制模块)均要求使用这类下放工具。在具体使用中,可以使用相对低成本的特制下放工具,或者使用更复杂和更高成本的多模式下放工具(MMRT)。多模式下放工具可用来对水下控制模块和海底蓄能器模块进行下放和回收,同时可以用来完成其他操作,如下放和回收水下油嘴、多相流量计等。SCM下放工具如图118-1所示。

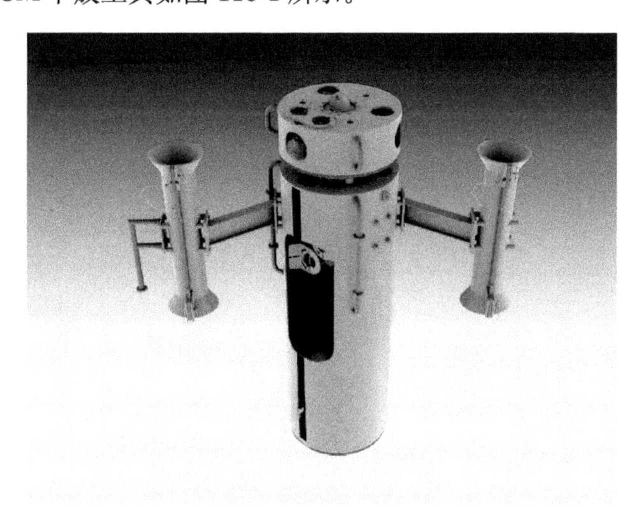

图118-1 SCM下放工具

大工件必须使用ROV等装置进行操作。

119 多模式下放工具的工作原理

多模式下放工具可装配在升力索上,通过水面上的绞车装置或ROV控制。需要使用一个控制系统,该系统可通过一个位于水面上的直接液压控制系统进行控制,电力和数据信号通过一根单独脐带缆传输。当采用升力索和导向绳时,下放工具通过API 17H接口上的升沉补偿绞车下放。下放工具装配有一个软着陆装置,可保护水下控制模块免受震动损坏。下放工具在水中重量较大,通过对下水控制模块进行解锁取回水面,完成SCM的更换。当采用ROV进行放置时,需确保多模式下放工具、ROV和组件维持浮力平衡。下放工具使用的转移配重的重量等于需回收水下控制模块的重量,并增加浮力以维持重量平衡,还可以采用吊笼来转移配重进行下放，如图 119-1 所示，MMRT-DH 为双操作模式的 MMRT，DCDT 代表潜水员更换工具，DLRT 为带有漏斗式接口的深水升降送入工具。

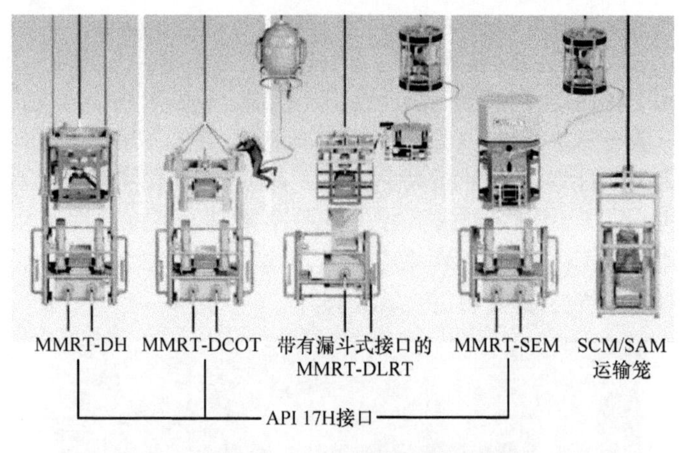

图 119-1 水下控制模块下放方式

120 水下控制模块与水下设备的对接安装方法

水下控制模块(SCM)是在水下与设备完成对接锁紧工作的，安装过程中要有辅助安装工具，这个安装工具就是模块送入工具。

SCM 的送入工具是一个专门针对其设计的工具系统——模块送入工具(module running tool，MRT)，如图 120-1 所示。其主要通过 ROV 进行水下的安装回收操作，用于下放、锁紧、测试和回收 SCM。

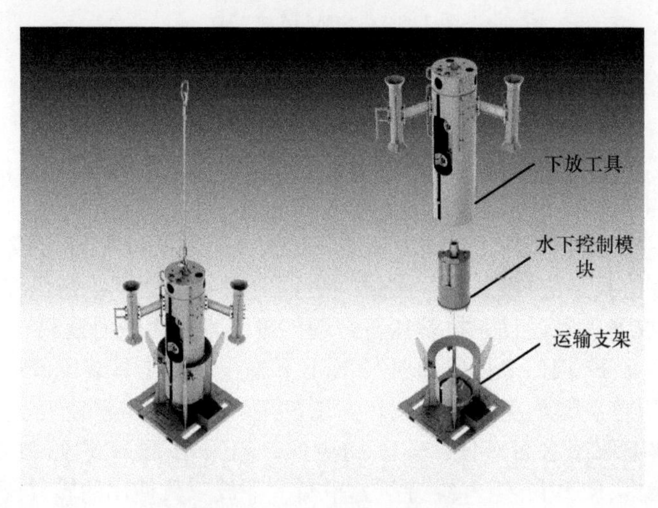

图 120-1 模块送入工具

SCM 送入工具系统的主要构件有：模块送入工具（MRT）、导向设备、模拟 SCM、SCM 过载工具和 MRT 软着陆扩展工具。通过导向设备连接 MRT 锁紧单元，将 SCM 随 MRT 一起下放至采油树，过载工具可以在紧急状态下对 SCM 进行断开。送入工具系统的设计对于实现 SCM 的水下安装与回收有着十分重要的作用。

121　水下控制模块下放工具的选择

由于水下控制模块的结构形式各不相同，所以选择下放回收系统时要根据各种水下设备的具体情况而定。此外，选择吊放系统还要进一步考虑由于使用者的作业方法不同而对系统提出的要求和限制。下放回收系统往往是在水下控制模块设计和建造好才去考虑的。一般通过水下控制模块应用水深的不同来选择，随着水深的不同依次选用简易的人工下放、有导向绳索、无导向绳索和 ROV 操作的多模式下放工具进行下放，具体选择方式如图 121-1 所示。

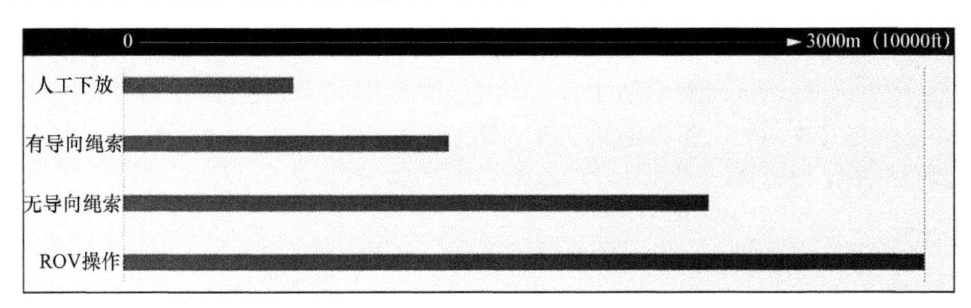

图 121-1　水下控制模块下放工具选择方式

122　多接头快速连接器的定义

水下多接头快速连接器(multiple quick connection，MQC)，又称 subsea junction plate 或 subsea stab plates，是用来在水下同时连接多个接头的装置。多个接头可以由水下液压接头、电接头、光纤信号接头或传送化学药剂的接头组合而成，由其中一种接头组合而成，或者由其中几种接头混合组合而成。根据需要，上面可安装 4～32 个不同的水下接头，主要应用于水下生产设施液压控制系统的分配单元上，用以实现多条管路的快速连接和分离，从而方便地控制水下各种信号的传递和布置。VIPER SUBSEA 公司生产的 MQC 如图 122-1 所示。

MQC 需要对多个接头进行正确连接，提供轴向及圆周方向上的导向，并为接头之间的可靠密封提供一个足够大的锁紧力，此外，还需要具有 ROV 机械手及扭矩工具操作的接口，以方便 ROV 操作。

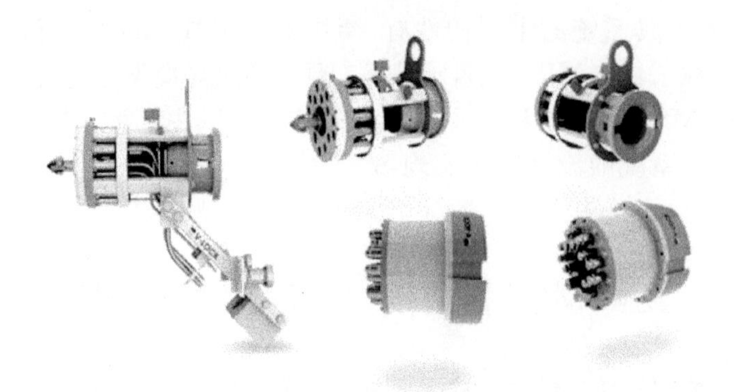

图 122-1　VIPER SUBSEA 公司生产的 MQC

123　多接头快速连接器的组成

从结构组成上来分，一套完整的 MQC 装置由以下 5 个部分组成：固定端（inboard assembly）、移动端（outboard assembly）、暂置位（parking assembly）、保护帽（protection cap assembly）和防尘帽（dust cap assembly），如图 123-1 和图 123-2 所示。移动端在不同的工作状态下分别与固定端、暂置位及防尘帽配合，而保护帽与暂置位和防尘帽配合。

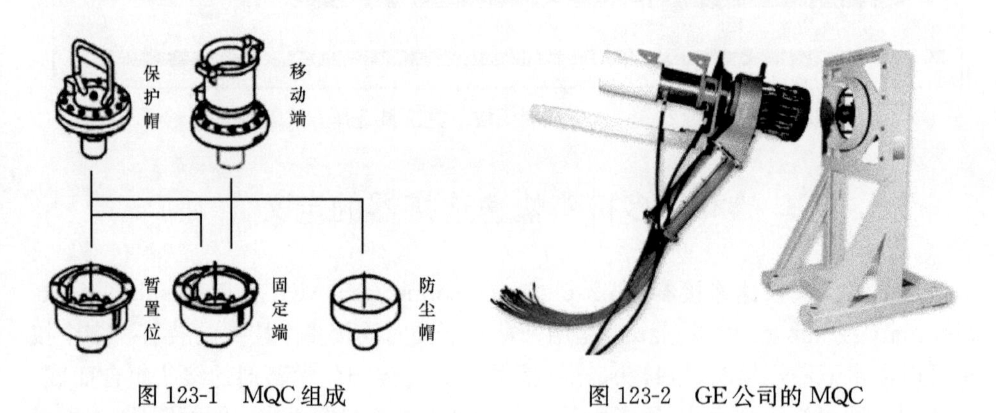

图 123-1　MQC 组成　　图 123-2　GE 公司的 MQC

1）固定端

固定端固定地安装在海底设备上，其上安装有多个公接头。此外，还包括如下导向部件：导向键槽、导向柱和外部套筒。根据 MQC 采用的锁紧机构的不同，会包含不同的锁紧部件，例如，含有内螺纹的中心套筒、弹簧夹头的心轴，或者是横截面为十字形或其他形状的中心套筒。

2) 移动端

移动端可自由地由人或 ROV 机械手移动，其上安装有多个对应的母接头，插入固定端并锁紧后，就可以实现管路的连通。此外，移动端还包括轴向或者圆周方向上的定位销或键，以及相应的锁紧部件。由 ROV 操作实现插入的移动端上还应该有相应的 ROV 机械手操作接口，一般分为实现直线运动的提升把柄和实现旋转运动的扭矩接口。

3) 暂置位

暂置位固定安装在海底设备上，与固定端相邻，暂置位的结构和尺寸与固定端相同，唯一的区别是其上安装的不是真正的公接头，而是一种仿真的公接头(dummy male hydraulic coupler)，这种接头不起导通作用，而只是用来和母接头接触，当移动端从固定端上拔出，并且没有回收到海上时，需要将移动端放置在暂置位上，用来给移动端提供阴极保护并保护其上的母接头。

4) 保护帽

保护帽用来长时间保护固定端和暂置位(当没有移动端安装时)，以防止海底的沙泥对固定端和暂置位的污染，还可以阻止海底的沉积物(如碳酸钙)在公接头和仿真的公接头上凝结。保护帽上配有与对应公接头配合的套筒，以将公接头保护起来，同时保护帽也需要导向及锁紧部件来将保护帽与固定端或暂置位锁紧。

5) 防尘帽

防尘帽用来在下水前保护移动端，防止外界对移动端的污染和破坏，其结构较为简单，没有接头及保护接头的套筒，但需要对应的锁紧部件以便能够可靠地与移动端连接。

从组成机构功能上来分，MQC 主要由接头和接头安装板、导向机构、锁紧机构、标识机构、ROV 机械手、扭矩工具操作接口等机构组成。接头由适用于海底的液压接头、电接头、光纤接头或传送其他化学流体的接头组成。接头安装板一般设计成方形或圆形，上面加工有接头安装孔。导向机构一般由导向键及键槽、导向柱及其对应套筒、定位销及销孔组成，用来为多对接头的对齐提供轴向及圆周方向上的导向。

MQC 的锁紧机构主要分为三种：

(1) 直接螺纹锁紧方式，即移动端和固定端之间通过普通螺纹直接拧紧。

(2) 弹簧夹头锁紧方式，即利用移动端上的弹簧夹头手指拉紧固定端上的心轴来将两者锁紧。

(3) V-lock 锁紧方式，即利用横截面为非圆的轴及轴孔的旋转定位配合来将移动端与固定端锁紧。

标识机构主要用来方便 ROV 观察移动端和固定端是否锁紧到位，从而控制机械手执行相应的操作。

接口部分主要分为两种：

(1) 提升手柄,ROV 机械手用来移动移动端。

(2) 扭矩旋转接口,为海底专用的扭矩工具或简易扭矩扳手提供接口,扭矩工具用来操作锁紧机构运动。

接口部分具有相应的国际标准,其结构和尺寸应按照 ISO 13628-8-2002[121]的要求进行设计。

124　水下电飞头和液飞头

飞头是用来连接水下脐带缆终端总成与水下采油树或其他水下设施的重要设备,水下脐带缆安装完成后在 ROV 的辅助下完成安装。

根据功能,飞头可分为两类:电飞头(EFL),提供电气接口;液飞头(HFL),提供液压接口。

1) 电飞头

电飞头(图 124-1)为水下脐带缆终端总成与水下采油树或其他终端设备之间提供电接口,为水下生产系统如采油树、管汇、SCM 提供通信连接和电力供应接口。典型的电飞头包含以下部件：

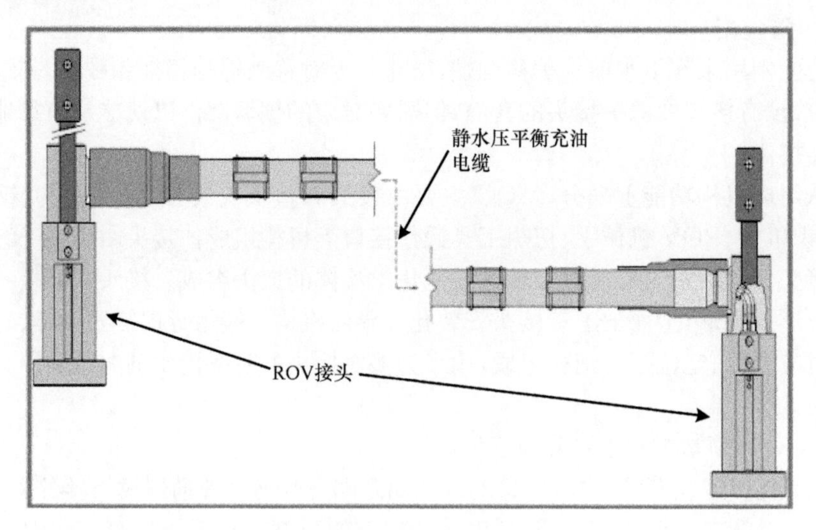

图 124-1　电飞头

(1) 用来传输电力和控制信号的电导线；

(2) 易弯、绝缘、提供压力补偿的软管；

(3) 接口附件的限弯器和加固器。

2）液飞头

液飞头(图124-2)为水下脐带缆终端总成与水下采油树或其他终端设备之间提供液压接口以及化学剂注入接口。

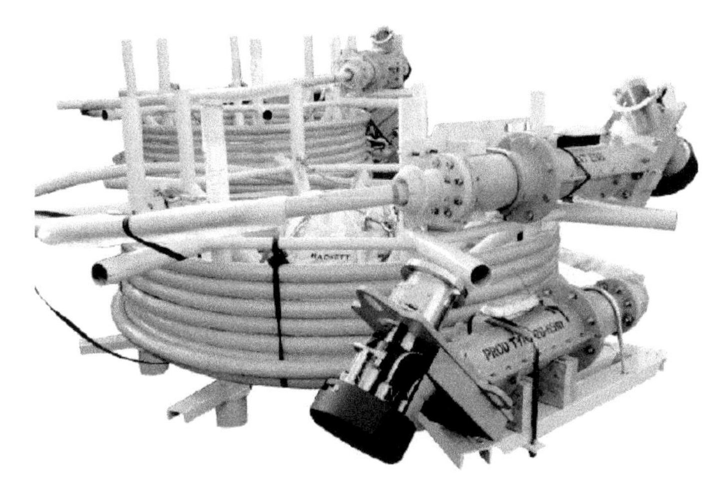

图124-2 液飞头

最常用的液飞头采用热塑性软管制造。全新的热塑性液飞头用于深水生产系统的连接,这种液飞头采用加强钢防止深水情况下软管发生坍塌破坏。这种飞头比常用的Kevlar加强管更加坚固。

除了以上两种液飞头以外,还有一种钢制液飞头。钢制液飞头是合金钢管的管束。最常见的设计是采用具有高强度的超级双向不锈钢,这样可以得到薄壁结构,以增强飞头柔性。尽管如此,钢制液飞头还是比热塑管液飞头硬,安装时除了ROV以外,需要额外的工具进行安装。

125 安装/修井控制系统简介

安装/修井控制系统(IWOCS)又称修井控制系统(WOCS),与油气田生产系统(PCS)相对应,是深水水下油气井在进行完井及修井作业时重要的井口安全控制系统。其作用是为水下采油树、油管悬挂器等完井/修井设备和工具提供远程控制及监测,在发生紧急状况时,能在规定的响应时间内,迅速、自动地关闭水下井口并断开完井/修井立管,确保水下井口及作业人员与设施的安全。国际上,由于深水油气田的大量开发,安装/修井控制系统已是成熟技术,有多家公司具备提供整套安装/修井控制系统的能力,同时也涌现了大批可提供修井控制脐带缆及脐带缆绞车等部件的厂商,其实际作业最大水深已超过2207m。虽然为了克服移动式钻井装置(MODU)费用昂贵以及资源紧缺的不利因素,国外已发展了多种形式的无立管修井系统，但是其在深水中的应用仍有极大的局限性，实际作业最大水深仅达792m。与完井/修井立管系统相配合的安装/修井控制系统，依然是深水作业中的主流选择。

126 安装/修井控制系统的功能

安装/修井控制系统是完井/修井立管系统的一部分，通常用于与完井/修井立管配合，在油气田初始完井作业及后续修井作业期间，为水下采油树、油管悬挂器等完井/修井设备和工具提供远程控制及监测[122]，具体作业如下：

(1) 油管悬挂器及井下完井设备的安装、回收及测试。

(2) 水下采油树系统及支持设备的安装、回收及测试。

(3) 其他初始完井作业及后续修井作业。

(4) 过程关断。

(5) 应急关断。

(6) 应急立管快速断开。

有时，安装/修井控制系统也指包括完井/修井立管及控制系统在内的完井/修井立管系统。

在完井/修井作业期间，安装/修井控制系统取代生产控制系统对油气田进行控制。根据所执行的作业不同，安装/修井控制系统可划分为两种工作模式：油管悬挂器模式和采油树模式。油管悬挂器模式通常包括初始完井安装（油管悬挂器＋完井管柱）及油井大修作业。采油树模式则通常覆盖以下作业：常规采油树安装、回收、油井小修及洗井作业。

安装/修井控制系统除在正常作业情况下，为完井/修井作业提供远程控制与监测功能之外，还有一项非常重要且必备的功能：在紧急情况下，在规定的时间内，迅速实现井下设备、井口装置、采油树及完井/修井立管系统各模块的自动、有序关断及立管断开，避免井喷事故发生，保障人员及设备安全。此外，安装/修井控制系统还需要能够提供油气田停产期间的化学药剂注入功能。由于水深的关系及系统响应时间的要求，深水安装/修井控制系统一般采用电液复合控制。

127 安装/修井控制系统的组成

油气田安装/修井控制系统通常由水下采油树厂商配套提供。图127-1是一套典型的安装/修井控制系统示意图。

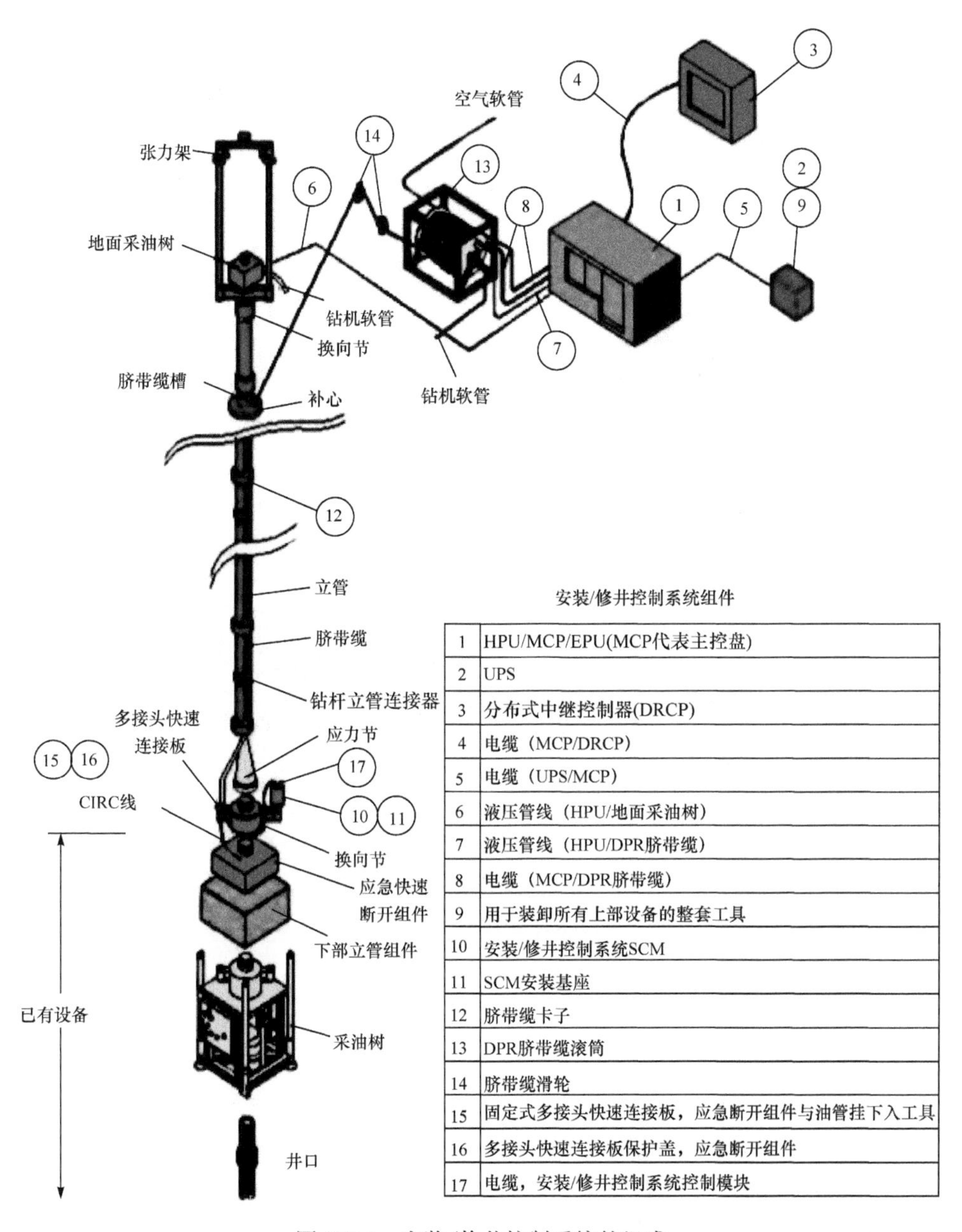

安装/修井控制系统组件

1	HPU/MCP/EPU(MCP代表主控盘)
2	UPS
3	分布式中继控制器(DRCP)
4	电缆（MCP/DRCP)
5	电缆（UPS/MCP)
6	液压管线（HPU/地面采油树)
7	液压管线（HPU/DPR脐带缆)
8	电缆（MCP/DPR脐带缆)
9	用于装卸所有上部设备的整套工具
10	安装/修井控制系统SCM
11	SCM安装基座
12	脐带缆卡子
13	DPR脐带缆滚筒
14	脐带缆滑轮
15	固定式多接头快速连接板，应急断开组件与油管挂下入工具
16	多接头快速连接板保护盖，应急断开组件
17	电缆，安装/修井控制系统控制模块

图 127-1　安装/修井控制系统的组成

根据油气田特征及完井/修井作业的具体要求不同，不同的海上油气田所采用的安装/修井控制系统组成及形式会有所不同。但是一般应包括以下部件：液压动力单元(HPU)、主控盘、远程控制盘、应急关断控制盘、过程关断控制盘、立管控制模块/修井控制模块、多接头快速连接板、脐带缆及脐带缆跨接管、脐带缆绞车、脐带缆滑轮和测试及辅助设备。

1) HPU

HPU 应包括高压和低压两个压力等级回路。高压回路供井下安全阀(SCSSV)及其他高压操作;低压回路供阀门及液压连接器操作。HPU 应采用与生产控制系统相同标准的控制流体。液压泵应能在 15min 内完成向上部蓄能器充压并维持系统压力。重新蓄能的情况下,应该能操作 SCSSV 五次以及具备额外 50%的储备能力。

典型的安装/修井控制系统 HPU 如图 127-2 所示。

图 127-2　典型的安装/修井控制系统 HPU

2) 主控盘

主控盘上有一些至关重要的功能,如打开连接器和关闭防喷器剪切闸板,应通过互锁机制、加保护盖或隔离相应液压管线等措施来加以保护,以防止意外的误动作。

3) 远程控制盘

远程控制盘用于操作过程关断、应急关断和立管应急断开及业主要求的其他操作。远程控制盘是主控盘的从属,通过主控盘上的一个选择开关激活,两个盘上都要有远程控制盘是否激活的指示器。

4) 应急关断控制盘

应急关断控制盘用于过程关断、应急关断和立管应急断开操作。

5) 过程关断控制盘

过程关断控制盘用于进行过程关断,应布置在各条主要逃生路线上。

6）立管控制模块/修井控制模块

立管控制模块用于油管悬挂器模式，修井控制模块用于采油树模式。立管控制模块安装在完井/修井立管(C/WO)外部或内部，修井控制模块应安装在应急断开组件(EDP)或其上方。

7）脐带缆及脐带缆跨接管

脐带缆控制流体软管应允许足够的体积流量，以满足完井/修井设备上的阀门和连接器操作所需最短响应时间要求。这一点对实现安全的井口控制至关重要。软管的尺寸应通过液压响应分析加以验证。

8）脐带缆绞车及脐带缆滑轮

脐带缆绞车应具备如下脐带缆装载能力：充满流体的脐带缆长度＋20％长度的盈余；正转、反转以及停转控制，并能提供足够的扭矩和转速，满足快速收放脐带缆的要求。

绞车制动器应当有足够的刹车制动能力，在受到最大操作张力时，可以制动并悬停脐带缆。绞车(图 127-3)应具有安全互锁机制，以确保在连接脐带缆和跨接管时，驱动马达保持静止。绞车除了滚筒上的本地控制器以外，还应配备移动式远程操作控制。该远程控制电缆长度应为至少 20m。脐带缆滑轮应保护脐带缆避免超出其最小弯曲半径，并使脐带缆平滑运动。

图 127-3　典型的安装/修井控制系统绞车滚筒

128　完井/修井立管系统的组成及其他功能要求

1）完井/修井立管系统组成

与新开发的各种无立管修井系统相对应，完井/修井立管与安装/修井控制系统相配合，完成各种完井/修井作业。

完井/修井立管系统在油气田完井/修井的应用中,根据所执行的作业任务不同,有两种工作模式:采油树模式和油管悬挂器模式。在这两种模式下,完井/修井立管系统的组成并无实质性差别,其区别主要在于水下控制模块(采油树模式采用修井控制模块,油管悬挂器模式采用立管控制模块)。此外,对于一套完善的完井/修井立管系统,这两种模式应分别使用各自专用的脐带缆和脐带缆绞车。但是在不同的工作模式下,与安装/修井控制系统配合的完井/修井立管管柱的组成有较大的差别。

两种模式下,完井/修井立管系统最大的区别在于:采油树下入管柱的完井/修井立管是在"开放式海洋环境"中下放的;油管悬挂器下入管柱的完井/修井立管则是通过海洋隔水管内部下放,与海水没有直接接触,因此在下部立管组件及相应防喷器的配置上略有不同。

2) 完井/修井立管系统应具备的控制功能

以某气田为例,该气田水深超过 1000m,采用常规双通道立式采油树进行开发。采油树模式下,完井/修井立管系统需提供对应急断开组件(EDP)和下部立管组件(LRP)上的阀门、连接器、防喷闸板,以及甲醇注入管线等的控制;油管悬挂器模式下,需提供对油管悬挂器送入工具、油管悬挂器井口连接器、井下安全阀、环空阀及化学药剂注入等的控制。

3) 自动应急关断和应急立管断开功能要求

完井/修井立管系统除提供常规作业的控制和监测以外,在发生 MODU 漂移偏离原作业位置等紧急情况下,还需能够实现自动应急关断和应急立管断开。自动应急关断和应急立管断开的响应时间,应满足规范和油气田项目要求。在执行自动应急关断和应急立管断开时,各阀门、连接器和防喷器的自动打开/关闭顺序,应确保井口与外部环境之间始终存在安全完整的隔离屏障。在确定此顺序时,应考虑井下是否存在钢丝绳和连续油管。

129 安装/修井控制系统的供应商

国际上,由于深水油气田的大量开发,安装/修井控制系统已是成熟技术,有多家公司具备提供整套安装/修井控制系统的能力,同时涌现了许多可提供修井控制脐带缆及脐带缆绞车等部件的厂商,实际作业最大水深已超过 2207m。安装/修井控制系统供应商主要有 Cameron、FMC、Oceaneering、Hitec、Weatherford 以及 Advantec 等。安装/修井控制系统主要供应商对比如表 129-1 所示。

表 129-1 安装/修井控制系统主要供应商对比

供应商	产品范围是否齐全	是否提供租赁	油气田应用业绩是否丰富
Cameron	√	√	√
FMC	√	√	√
Oceaneering	√	√	√
Hitec	√	—	√
Weatherford	√	√	√
Advantec	—	√	较少

130 安装/修井控制系统国内应用情况

在较长时期内,国内海洋石油开发重点集中于浅水区域,开发模式以导管架固定式平台+干式井口和采油树为主,修井作业主要通过干式井口进行,与水下井口存在较大差异。安装/修井控制系统仅在极少数水下井口中有过应用,且其水深仅为300m以内。南海油气资源地质储量占我国油气资源总储量的1/3,其中70%蕴藏于水深超过300m的深水区域,水下生产系统作为主要开发模式之一,未来将需要大量应用安装/修井控制系统。

131 安装/修井控制系统的工作过程

在完井/修井作业期间,安装/修井控制系统取代生产控制系统对油气田进行控制。根据执行的作业不同,安装/修井控制系统有两种工作模式:油管悬挂器模式和采油树模式。油管悬挂器模式用于初始完井安装及油井大修作业;采油树模式通常用于以下作业:常规采油树安装、回收,轻型修井作业及洗井作业。不同的工作模式下,与之配合的完井/修井立管管柱的组成不同。

表131-1给出了两种工作模式下,分别由安装/修井控制系统进行控制的典型设备。

表 131-1 两种工作模式下分别由安装/修井控制系统控制的典型设备

油管悬挂器模式	采油树模式
地面采油树	地面采油树
防喷管阀	防喷管阀
单向阀	单向阀
水下测试树	应急断开组件

续表

油管悬挂器模式	采油树模式
油管悬挂器下入工具	钢丝绳/连续油管防喷器
油管悬挂器	采油树保护下入工具
采油树保护帽下入工具	水下采油树
内部采油树保护帽	内部采油树保护帽
水下采油树	井下监测及流体控制单元
井下监测及流体控制单元	水上控制井下安全阀
水上控制井下安全阀	——

注:地面采油树安装在完井/修井立管顶端,为生产井筒和环空井筒提供上部流动安全保护,同时可用来支撑完井/修井立管系统的重量。

第8部分　水下脐带缆

132　水下脐带缆的定义和功能

水下脐带缆是水下控制系统的关键组成部分之一，是连接上部设施和水下生产系统之间的“神经和生命线”(以下所指的脐带缆都指水下脐带缆)。脐带缆在海洋工程中的应用已有近50年的发展历史，并已成功地应用于浅水、深水和超深水领域。

最早的脐带缆出现于20世纪60年代，使用于壳牌公司1961年在墨西哥海湾建造的第一个水下生产系统中。早期的脐带缆管道采用热塑性软管，但随着水深增加，逐渐暴露了压溃、水密性差等问题，因此金属管被引入脐带缆中。从90年代开始，钢管脐带缆受到了越来越多的关注，它能较好地解决热塑性软管在较深水域存在的问题，适合在深水中使用。目前，脐带缆应用的最大水深为2743m，是在墨西哥湾TIGER油田铺设的钢管脐带缆，它于2009年1月1日开始安装并运行；铺设长度最长的脐带缆是2005年Nexans公司为挪威国家石油公司SnØhvit天然气田生产的143km单根大长度的脐带缆。

脐带缆的主要作用包括：

(1) 为水下阀门执行器提供液压动力通道；

(2) 为控制盒和电动泵等提供电能；

(3) 为水下设施和油井提供遥控及监测数据传输通道；

(4) 为油井提供所需流体(如甲醇和缓蚀剂等化学药剂)。

图132-1是多种类型的脐带缆示意图，可以看出脐带缆除了具有电缆(动力缆或信号缆)、光缆(单模或多模)、液压或化学药剂管(钢管或软管)等功能单元外，还包含聚合物护套、铠装钢丝或碳纤维棒以及填充物。其中聚合物护套可以起到绝缘和保护的作用，铠装钢丝可以增加轴向刚度和强度，而填充物可以填充空白位置和固定其他单元位置。

图 132-1 多种类型的脐带缆

133 脐带缆的类型

根据使用的环境条件,脐带缆通常可分为动态脐带缆和静态脐带缆(图 133-1),铺设在海底的部分称为静态脐带缆,而由上部设施引出的在海水中的部分称为动态脐带缆。在设计脐带缆时,应明确是用于动态情况还是静态情况,因为动态脐带缆在安装、在位过程中一直受流、波浪、浮体运动作用,必须进行系统详细的局部和整体力学分析来保证其在寿命周期内安全运行,而静态脐带缆一般需要考虑海底稳定性问题[123-125]。

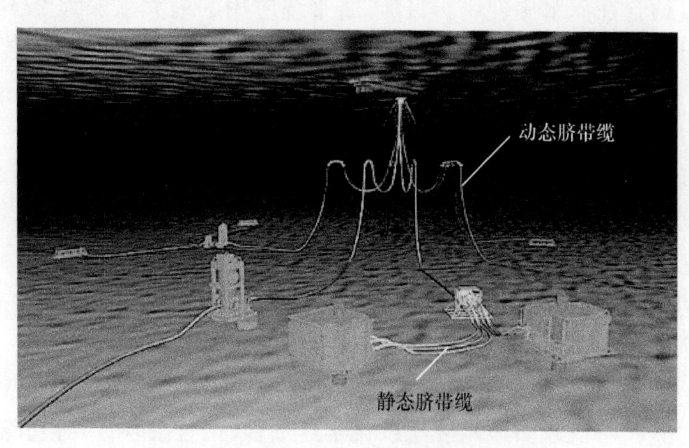

图 133-1 典型的动、静态脐带缆示意图

脐带缆一般可以分为四类。

1) 热塑软管脐带缆

典型热塑软管的结构由无缝热塑压制内层和热塑压制外护层组成。其中内层由一层或多层高强度纺织纱线编织加固,外层主要用作机械防护;内层是内部流体和外层之间的封层,也起到容纳输送流体的作用。热塑软管脐带缆如图 133-2 所示。

图 133-2　热塑软管脐带缆

2）钢质脐带缆

用钢管替代传统的芳纶增强的热塑软管作功能部件，在渗透、流体相容性、液压和力学性能（如抗压溃）方面皆优于传统的热塑软管。钢质脐带缆如图 133-3 所示。

图 133-3　钢质脐带缆

3）动力控制脐带缆

动力控制脐带缆（图 133-4）的功能是实现海岸与平台、平台与平台或平台与水下设备之间的电力供应。此外，无人设备的遥控是海底复合电缆的又一应用之处。

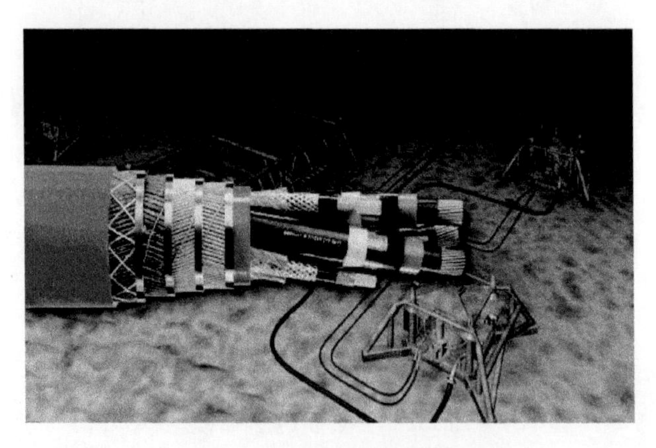

图 133-4　动力控制脐带缆

4）综合功能脐带缆

综合功能脐带缆(图 133-5)是将油气输送的生产管与脐带缆结合起来的一种脐带缆，如维修管道、液压管、化学药剂管、数据传输的光纤芯、供应电力的电缆、传输信号的电缆及生产管道等。它是以海底束技术的设计原则为基础，将液压管与电缆或光纤在一个复合截面上相结合，且用独特的聚氯乙烯型材分离各个元件。

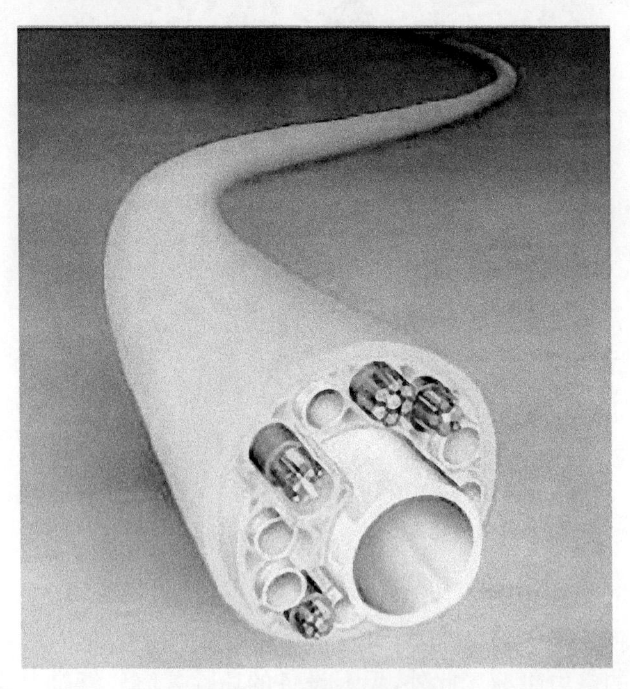

图 133-5　综合功能脐带缆

134　脐带缆的主要附属部件

脐带缆的主要附属部件如下。

(1) 上部端子及悬挂法兰、拉入头，如图 134-1 所示。

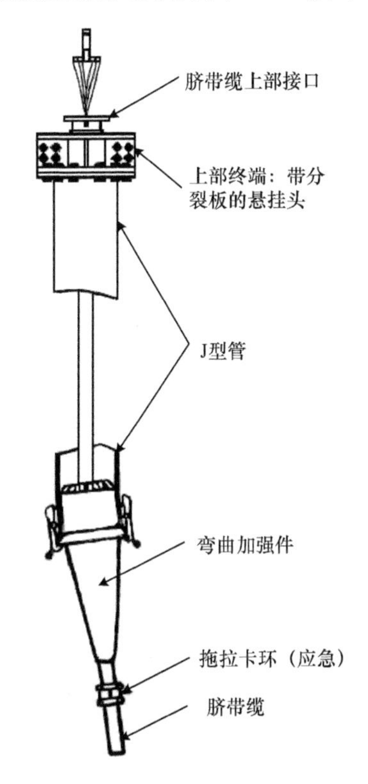

图 134-1　上部端子及悬挂法兰、拉入头

(2) J-tube 密封及对中装置，如图 134-2 所示。

(3) 弯曲限制器，如图 134-3 所示。弯曲限制器用于防止柔性的管缆与接头的弯曲过度，动态应用的弯曲限制器一般有喇叭口和防弯器，用于与浮体连接的接头处。陡波和陡形的设计中，在触地点处也常常用到弯曲限制器。弯曲限制器必须面向具体的管缆进行设计。

(4) 水下端子，如图 134-4 所示。

(5) 外部腐蚀防护装置。

(6) 外护套修复包。

(7) 功能部件修复包等。

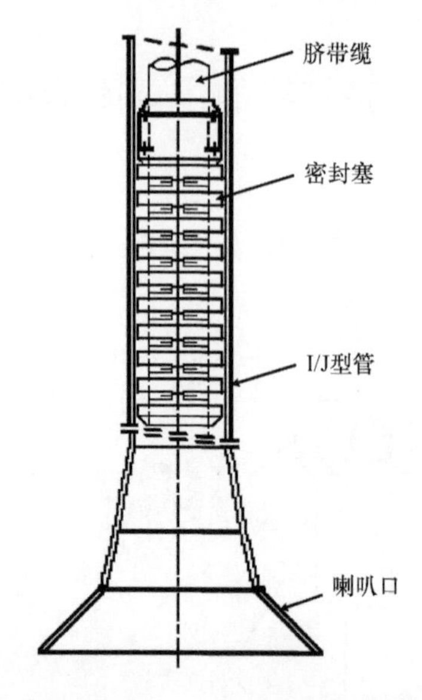

图 134-2 J-tube 密封及对中装置

图 134-3 弯曲限制器

图 134-4 水下端子

135　主要的脐带缆供应商

当前，主要的脐带缆供应商的基本情况及生产能力如表 135-1 所示[126]。

表 135-1　主要的脐带缆供应商

生产厂商	总部	生产能力/(km/年)	基本情况
Aker Solution	挪威	1000	在 Moss 和 Alabama 两个城市设有生产加工基地
Technip DUCO	法国	600	在英国的 Newcastle、美国的 Houston 和安哥拉的 Lobito 都设有生产加工基地
Nexan	挪威	1000	生产基地位于挪威的 Halden 和 Rognan
Oceaneering Multiflex	美国	1500	在墨西哥湾、英国及巴西有三个生产厂
JDR	美国	500	在美国、英国和荷兰都有生产工厂
Parker	美国	500	生产基地位于挪威 Scanrope

136　应用水下生产系统中的水下输配电模式

应用水下生产系统进行海上油气田开发时，可选择的水下输配电模式主要有三种。

1）直接输配电，即水面配电＋变频传输＋水下湿式电连接系统

其主要特点是水面配电＋变频传输，与水下用户之间是一对一关系。早期复合电液控制系统传输功率不大，通常采用水下固定频率交流传输方式，水下配电任务并不复杂。随着大功率变频调速泵的普遍使用，水面配电和高压变频输电成为水下系统输配电的一种重要方式。该系统包括水面供电设备(如降压变压器、变频器、滤波器、升压变压器)和水下配电设备(如水下湿式电接头/电动机)。

当系统采用变频输电作为长距离输电方式时，只需在水下安装电动机和湿式电接头等基本部件，而将主要的电气部件安装在水面。面临的技术难点主要在于：

(1) 选择合适的变频设备，避免高频谐波激发连接负载的共振，特别是长距离输电线路难以精确做到阻抗匹配，因此必须作为负载的一部分加以考虑。

(2) 补偿传输损失。

(3) 如采用升压变压器，则必须考虑低频与磁芯饱和现象。

2）水下高压输送系统＋水下降压变压器＋湿式电连接系统

该方案的最大特点是使用了水下降压变压器，可进一步延长水下系统的回接

距离。

目前已经工业应用的水下变压器和电动机都是油浸式的，可通过分离隔膜实现深海海底外部压力补偿。此外，海水具有很好的散热功能。该系统包括的主要设备为水面供电设备（如降压变压器、变频器、滤波器、升压变压器）及水下配电设备（水下高压湿式电接头/电动机、水下降压变压器等）。

3）水下输电系统＋水下输配电（水下变压器、水下变频器）＋湿式电连接系统

这种方式与平台供电类似，特点是应用了水下变压器、水下变频器。采用水下变频器可省去变频器与电动机之间的长距离海缆，允许变频器输出电压具有较大的变形，省去了输出滤波器和输出变压器，因而降低了供电设备的尺寸和成本。该系统包括的主要设备为水面供电设备（如降压变压器、变频器、滤波器、升压变压器）和水下配电设备（水下湿式电接头/电动机、水下降压变压器、水下变频器）。

三种方式比较如表 136-1 所示。

表 136-1　三种水下输配电模式比较

名称	距离	水深	功率和电压	组成及特点	应用业绩
水面配电＋变频传输＋水下湿式电连接系统	≤30km	≤350m	＜3MW ＜6.6kV	基本组成： 水面部分包括降压变压器、变频器、滤波器、升压变压器； 水下部分包括高压湿式电接头/电动机、海缆 主要特点： (1) 一对一，即一用户一套系统、一条海缆； (2) 电损耗较大，距离受限制； (3) 上部变频器需具有单独的绝缘栅双极型晶体管(IGBT)开关，应用较多	LF22-1 LH11-1 Troll
水下高压输送系统＋水下降压变压器＋湿式电连接系统	≤80km	≤550m	＜3MW ＜36kV	基本组成： 水面部分包括降压变压器、变频器、滤波器、升压变压器； 水下部分包括水下降压变压器、≤12kV高压湿式电接头/电动机、海缆 特点： (1) 一对一，即一用户一套系统、一条海缆； (2)高压输送，损耗减少，回接距离增加； (3)上部变频器需具有单独的 IGBT 开关； 系统设计中需要考虑变频器高频谐波、升压变频器磁芯饱和； ≤12kV 水平上所有技术已经验证	西非 ETAP CEIBA

续表

名称	距离	水深	功率和电压	组成及特点	应用业绩
水下输电系统＋水下输配电＋湿式电连接系统	≤200km	≤2000m	单用户≤3MW 总功率≤10MW <36kV	基本组成： 水面部分包括变频器、滤波器、升压变压器； 水下部分包括高压湿式电接头、水下降压变压器、根据用户情况配置水下变频器、电动机、海缆 特点： (1) 多个用户、一套上部系统、一条海缆； (2) 水下降压装置可根据用户电压等级配套多个次级变压器； (3) 每个用户按性能要求配备水下变频器； (4) 水下变频器可以采用可关断晶闸管(GTO)或可控硅整流管(SCR)开关器件，简化了电缆设计； (5) 单相技术通过验证，整体无应用	已经过室内测试、还无现场应用案例

137　水下生产系统中的长距离输电方式

长距离水下输电既可采用固定频率交流(AC)电，也可采用直流(DC)电传输。两种配电方式比较如下：

(1) 两者都是可行的。

(2) DC 传输的能量损失远低于 AC 传输。

(3) AC 传输的水下系统要求更为复杂且灵活性差。

(4) AC 传输系统的稳定性必须通过仔细的设计加以保证，并且有谐波损耗等问题，因此传输距离有限；DC 传输更为可靠，本质上是稳定的，其传输距离只受电缆直径和电压影响，理论上可传输 10～800km。

(5) AC 传输的电缆直径通常较细，但绝缘性能要求高，使两者成本基本持平。

用于水下的动力电缆通常既输送电力，还需考虑水下电动机等所需的润滑冷却介质输送。同时，当有多个用户时，从形式上可用捆扎式或独立铺设。

第9部分　水下安装作业工机具

138　水下安装作业工机具简介

海洋是一个巨大的资源宝库，合理开发和利用海洋资源是国家持续发展的需要。无论是海下救捞、海洋资源调查、海洋建筑还是海洋国防工程，都需要高效的水下作业工具。现有的水下作业工具有如下几种类型[127]。

1）手动工具

借用陆用的手动工具在水下作业，作业效率低，水下维持时间短，潜水员体力消耗大。

2）电动工具

电动工具用电力来驱动，在所有动力工具中其实际能耗率最低。可以在各种水深下运转，但要求电动机对海水完全密封，需要复杂的电缆绝缘系统、开关、插座及其他部分。潜水员要有很好的防电击保护措施。需要减速器降低电动机转速，所以比相应的液压工具重5～10倍，体积也大好几倍，在水下使用很不方便，工作可靠性差。

3）气动工具

气动工具用压缩空气来驱动，常采用开式系统。压缩空气做功后直接在水下排放，因而噪声大，放出的气泡会影响潜水员的视线，甚至会导致潜水员恶心和呕吐；海水进入气动元件，会使工具的可靠性和寿命大大降低，因此需要频繁维护；随着潜水深度的增加，平衡水深的压力也随之增加，耗气量剧增，能耗很大，工具的效率急剧降低，设备的体积、重量也急剧增加；在水下动力工具中，气动工具体积、重量最大，效率最低。因此，气动工具一般仅在水深≤50m的区域使用。

4）油压工具

油压工具属于液压工具，是以矿物油的压力能作为动力来驱动工具的。与电动工具及气动工具相比，油压工具使用寿命长，性能可靠，能均匀调速，不需要减速装置，具有单位功率重量轻、体积小、输出功率大、输出平稳等优点，已广泛应用于中、浅、深度作业，并开始用于大深度到极限深度作业。在水下作业中使用最多的遥控式水下机器人及机械手使用的几乎全部是液压工具。但传统的液压工具以矿物型液压油作为工作介质，由于矿物型液压油与海水不相容，系统必须设计成闭式循环系统，因而存在一些难以克服的弊端，主要表现为：

(1) 尽管液压密封技术得到很大的发展，但液压油和海水不可避免地会相互渗漏，这不仅污染环境，还加速了系统元件的损坏，大大降低了工具可靠性与使用寿命。

(2) 液压油的黏度大，且其黏温和黏压系数大，随着作业深度和范围的扩大，系统进油和回油管的沿程损失增大。

(3) 需平衡水深压力。为保证有效的驱动功率，需随着作业深度的增加而调整动力源的输出压力，使得油压工具的效率大大降低，同时使得设备的体积、重量和复杂程度增加，制造和维护困难。

深水水下安装作业一般由遥控式水下机器人携带相应的作业工机具进行水下作业。通常情况下，常用的水下作业工机具包括工具释放装置、液压控制干预工具、旋转扭矩工具、线性阀跨越控制工具等。有时在进行一些特殊的作业时，如水下连接作业，还会用到一些特殊的作业机具，如密封圈更换工具、Hub 清洗工具等。

139　遥控式水下机器人的定义及分类

根据 ISO 13628-8 定义，遥控式水下机器人(remotely operated vehicle，ROV)是一种自泳水下潜器，可用来执行阀门操作、液压操作及其他作业，如图 139-1 所示。此外，ROV 也可携带工具包，执行柔性管与脐带缆的牵引和连接、水下部件更换等作业[128]。

图 139-1　ROV 总体图

根据海油工程企业标准《ROV 作业规程(试行版)》(Q/HS GC011—2009),将 ROV 分为四个不同的级别。

1) 一级——纯观察级 ROV

纯观察级 ROV 一般认为是仅限于物理上的视频观察,其装配有摄像头、灯、推进器。但其所安装工具的数量和种类具有灵活性,如果此级 ROV 适当多装些探测工具,还能完成其他工作。

2) 二级——轻工作级 ROV

轻工作级 ROV 带有观察功能的同时,还可负载预订载荷。相对于其他级别的 ROV,市场上此级别 ROV 在数量上居多,带有微光摄像头、彩色摄像头、阴极电位(CP)探头、声呐系统、小型机械手等附属装置,并在保持原有功能的前提下,可以加装至少两种附属工具或探测器。

3) 三级——工作级 ROV

工作级 ROV 设计尺寸较大,以方便安装多功能机械手、外接工具和附属探测器。通常情况下,工作级 ROV 还带有多个多功能接口,为外接工具和附属探测器提供通信和动力支持。工作级 ROV 较之前两级 ROV,具有动力足、作业深度大、扩展性强等突出特点。

4) 四级——原型或改进型 ROV

此类 ROV 包括改进的或特殊用途的又不能归于其他级别的 ROV。

140　遥控式水下机器人系统的组成

总体来说,ROV 可分为水上控制设备、水下控制设备和脐带缆三部分。水上控制设备的功能是监视和操作水下的载体,并向水下载体提供所需的动力;水下控制设备的功能则是执行水面的命令,产生需要的运动以完成给定的作业使命;脐带缆是水下通信的桥梁,主要用来传递信息和输送动力[129,130]。

具体说来,ROV 系统由水下潜器、收放系统(包括 A 吊、绞车等)、脐带缆、观察作业设备、控制系统和动力系统组成。

1) 水下潜器

水下潜器是携带观察和作业工具设备的运动载体,一般采用模块化结构。它主要包括水密耐压壳体和动力推进、探测识别与传感、通信与导航、电子控制及执行机构等分系统。其上装有视频摄像头和照明灯,根据工作的需要,潜器上还装有常规的传感器,包括成像声呐、罗盘、深度计、高度计等。

2) 收放系统

收放系统(launch and recovery system)主要由 A 吊(A-frame)和绞车(winch)组成,用以下放、回收潜器。它由底架、U 形门架(悬臂吊架)、滑轮、锁栓机构、绞车、导电滑环以及液压动力系统组成。收放系统通常采用门形结构、液压驱动，并设有消摆机构和可储存脐带电缆。

3）脐带缆

脐带缆是连接水上部分和水下部分的纽带，是能源馈送和信息传输的渠道。

4）观察作业设备

水下观察主要由 ROV 所携带的水下摄像头和声呐设备完成。在运动载体上安装摄像头、旁扫声呐，构成载体的基本系统。ROV 可完成的具体任务包括水下搜索、水下观察、清除水下障碍、带缆挂钩、水下切割、水下清洗、水下打孔、水下连接等。

5）控制系统和动力系统

控制系统和动力系统包括控制间（control room）、维修间（workshop）和发电机（generator）三部分。

141　遥控式水下机器人固定方式的要求

ROV 在进行水下作业时，应该可靠固定。根据 ISO 13628-8，常用的固定方式有工作台、吸盘、抓把和对接装置，其对应的功能如表 141-1 所示。

表 141-1　ROV 固定方式及功能

序号	固定方式	功能
1	工作台	适用于 ROV 需要垂直进入水下结构物作业时，提供 ROV 停靠平台
2	吸盘	吸盘安装在机械手臂端，由 ROV 驱动，通过吸力固定在水下结构物上
3	抓把	ROV 机械手抓握固定
4	对接装置	一般与工具下放装置（TDU）配合使用

其中，ROV 抓把是最为常见的固定方式，如图 141-1 所示，水下连接系统的 ROV 面板上应配置抓把。ROV 抓把应按照 ISO 13628-8 第 12.2.4.3 节的要求

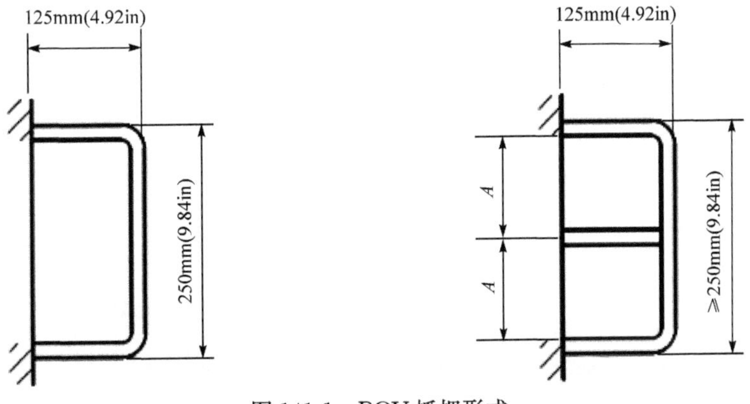

图 141-1　ROV 抓把形式

进行设计。抓把应能承受大小为 2.2kN、受力方向为任意方向的作用力,以及从任意方向施加的、大小为 2.2kN 的握紧力。

142 遥控式水下机器人的接口形式

ROV 接口有多种形式,用得最多的主要有三种类型:ROV 操作手柄、阀门操作接口和 hot stab 插拔接口。

1) ROV 操作手柄

ROV 操作手柄有 T 型、D 型和鱼尾型,可执行直线或旋转动作,如图 142-1 所示。

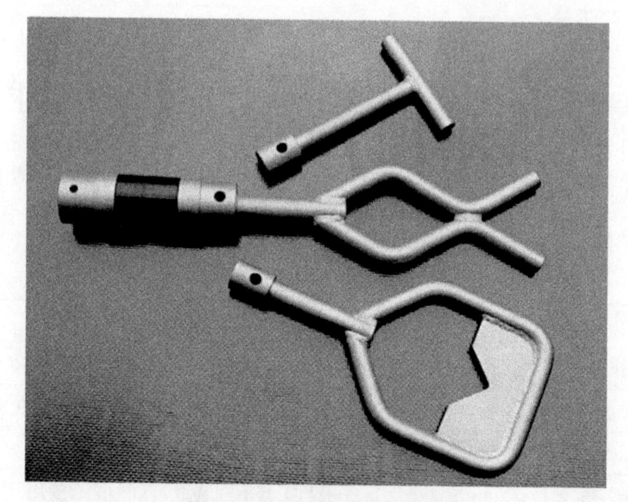

图 142-1 ROV 操作手柄

2) 阀门操作接口

阀门操作接口可分为低扭矩旋转接口、大扭矩旋转接口、线性推进接口以及旋转对接接口,其对应的作用与功能如表 142-1 所示。

表 142-1 阀门操作接口

序号	操作接口	作用/功能	备注
1	低扭矩旋转接口	ROV 搭载的扭矩工具操作针阀,或其他低扭矩操作	最大扭矩 75N·m
2	大扭矩旋转接口	ROV 搭载的扭矩工具对阀门进行越控等大扭矩操作	最大扭矩 2000N·m
3	线性推进接口	ROV 搭载的操作工具对液压闸阀进行越控	最大推力 745kN(类型 A)
4	旋转对接接口	为由 ROV 部署的旋转工具提供对接、反扭矩、对中和槽口连接,用于阀门开关和旋转越控	也可用于其他旋转类操作如连接器二次锁紧

低扭矩旋转接口的形式如图 142-2 所示，大扭矩旋转接口如图 142-3 所示，线性推进接口如图 142-4 所示，旋转对接接口如图 142-5 所示。表 142-2 为旋转对接接口扭矩分级情况。

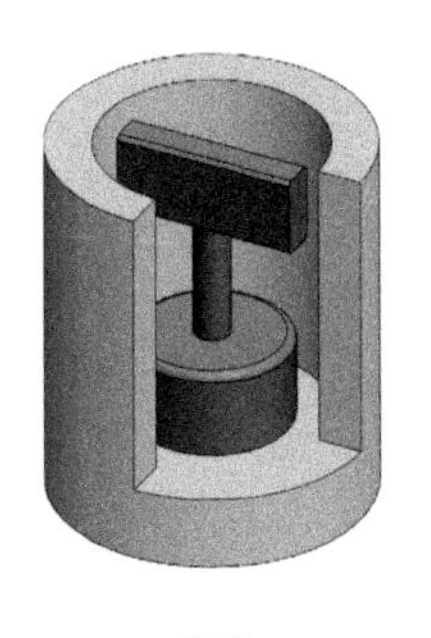

类型A

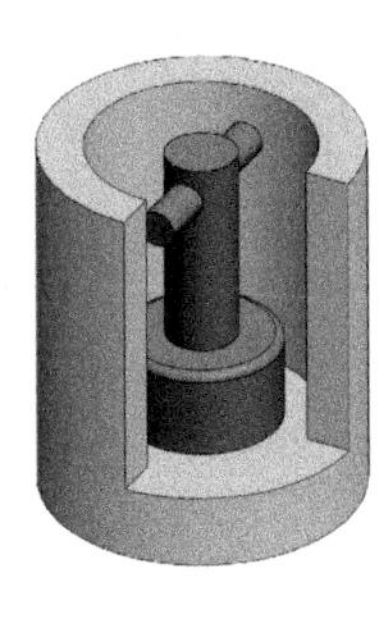

类型B

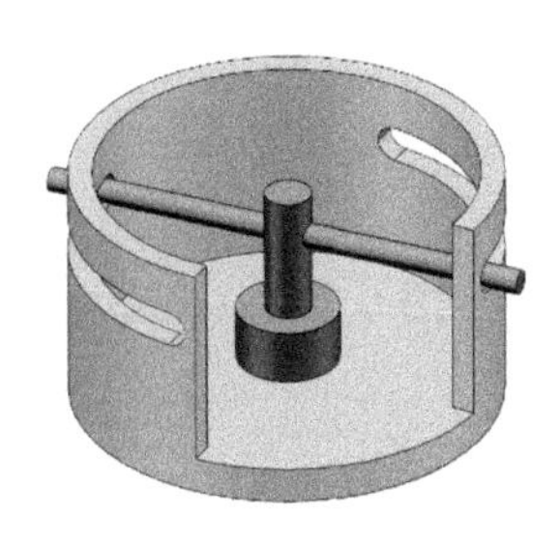

类型C

图 142-2　低扭矩旋转接口

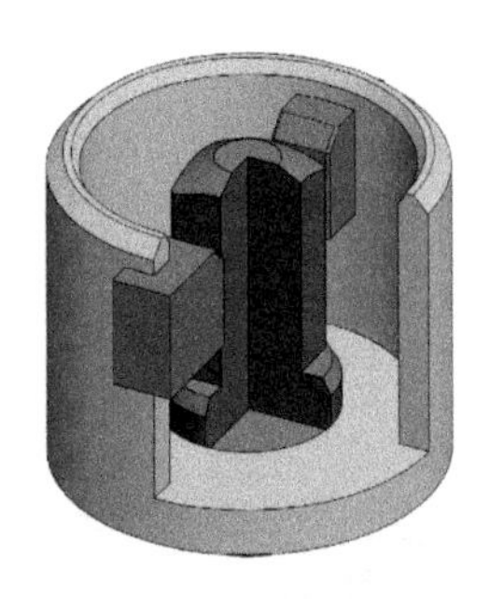

图 142-3　大扭矩旋转接口

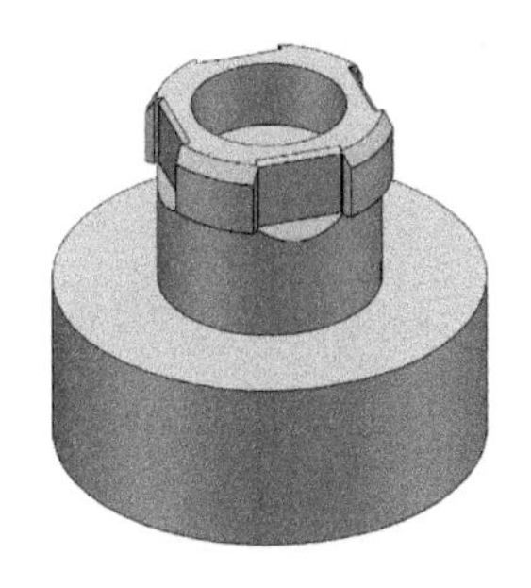

图 142-4　线性推进接口

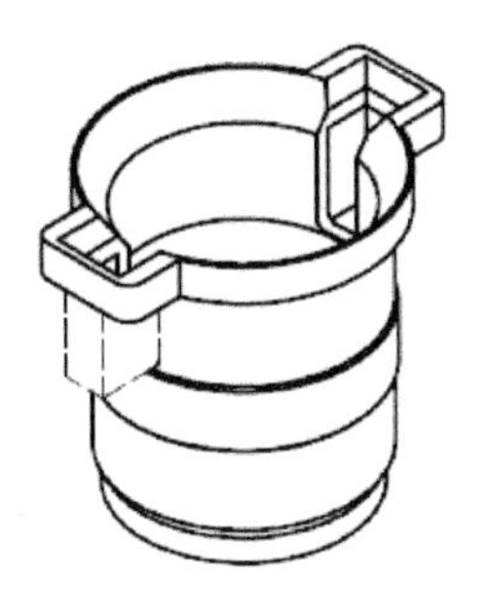

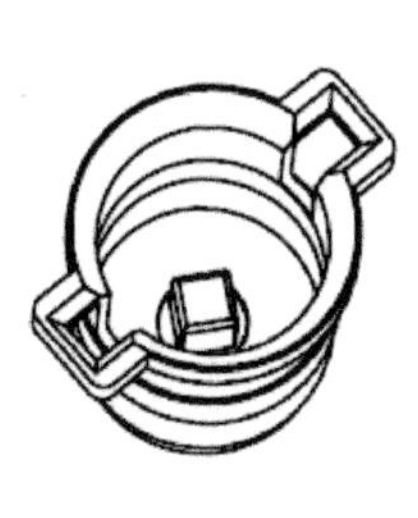

图 142-5　旋转对接接口

表 142-2 旋转对接接口扭矩分级

扭矩分级	设计最大扭矩 /(N · m)(lbf · ft)
1	67(50)
2	271(200)
3	1355(1000)
4	2711(2000)
5	6779(5000)
6	13558(10000)
7	33895(25000)

注:1lbf=4.45N,1ft=0.305m。

3) 热插(hot stab)插拔接口

hot stab 插拔接口用于由 ROV 向水下设备提供临时动力,在水下连接和密封测试的过程中使用频繁。hot stab 插拔接口有 A、B 两种类型。相比 A 类,B 类两头都可以插入,并且拥有多个对接通道。在水下连接系统中用得最多的是 A 类。图 142-6 为 hot stab 示意图。

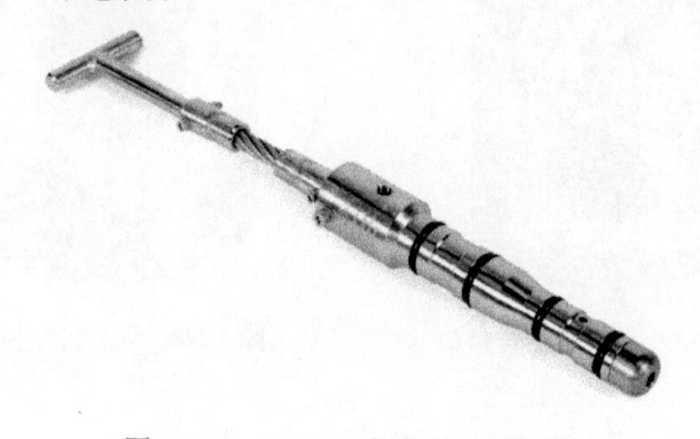

图 142-6 hot stab 插拔接口示意图

143 遥控式水下机器人操作面板的要求

当接头工具由 ROV 控制时,ROV 操作接口应该集中在一个 ROV 面板上。面板应该包括标识、hot stab 插拔接孔、假堵头、隔离阀、铅垂测量装置以及 ROV 抓把。图 143-1 为水下采油树的 ROV 操作面板。

每个接头工具应该拥有一个专门设计的 ROV 面板。面板至少应该为接头工具提供以下操作和测试功能:

(1) 锁定/解锁到接头。

(2) 伸出/收回软着陆系统,以及牵引系统(如果有)。

图 143-1　水下采油树的 ROV 操作面板

（3）将接头锁定/解锁到接口（Hub）。

（4）测试金属密封圈。

所有功能都应允许隔断（通过隔离阀），以便 ROV 可以移走 hot stab 插拔接口进行远程检查。所有的 ROV 接口应该按照 ISO 13628-8 以及 ROV 工具规格书，进行设计和制造。ROV 面板和支撑结构应该可以抵抗所有由 ROV 操作引起的力的作用。

144　典型的遥控式水下机器人的干预任务

典型的 ROV 干预任务如下。

1）目视检查和监测

一般外观检查的目的是了解设备的整体状况，发现大的异常情况，包括阳极块腐蚀及消耗情况。详细目视检查是通过清理表面海生物对异常或重要位置进行进一步的详细检查。ROV 携带彩色摄像头以及装有 BOOM 系统，可以保证在能见度大于 1m 的情况下对海底设备进行全方位调查(图 144-1)。同时，通过利用事件记录软件(Eventing)记录异常信息[131]。

图 144-1　ROV 目视检查水下设备

2）钢丝绳切割

ROV 水下切割管道如图 144-2 所示。

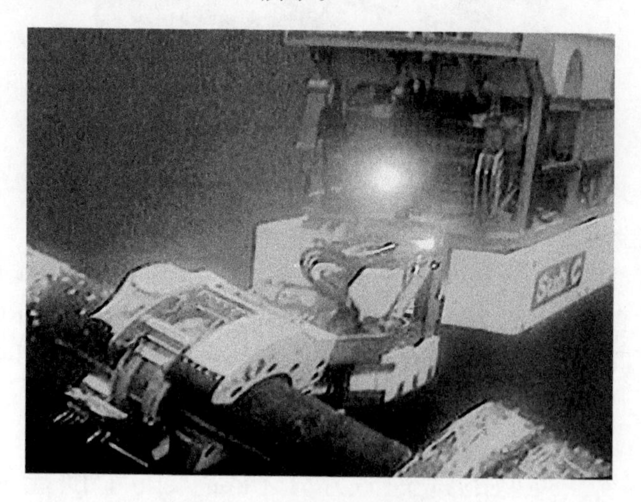

图 144-2　ROV 水下切割管道

3）测量(计量)

当发现腐蚀较严重时，需要在腐蚀位置进行结构物厚度测量(underwater thickness gauge)，了解结构物腐蚀情况，如图 144-3 所示。

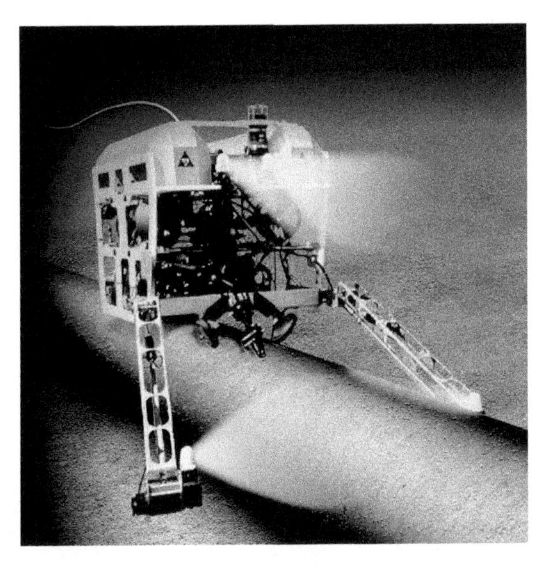

图 144-3　ROV 测量海底管道厚度

目前广泛采用的超声波测厚方法是利用压电换能器产生的高频声波穿过材料，测量回声返回探头的时间或记录产生共鸣时声波的振幅，来检测缺陷或测量壁厚。把相应设备安装在 ROV 上，不受保护涂层的影响，同时数据通过 ROV 脐带缆直接传输至水面系统。测量读数的准确性受设备放置及稳定情况影响较大，作业时探头和测量面需要均匀接触，通常需要通过设计专门的 ROV 携带工具进行操作，以提高数据稳定性及准确性。

4）零部件安装和更换

ROV 干预设备零部件更换如图 144-4 所示。

图 144-4　ROV 干预设备零部件更换

5）基盘/井口修井

ROV 干预修井作业如图 144-5 所示。

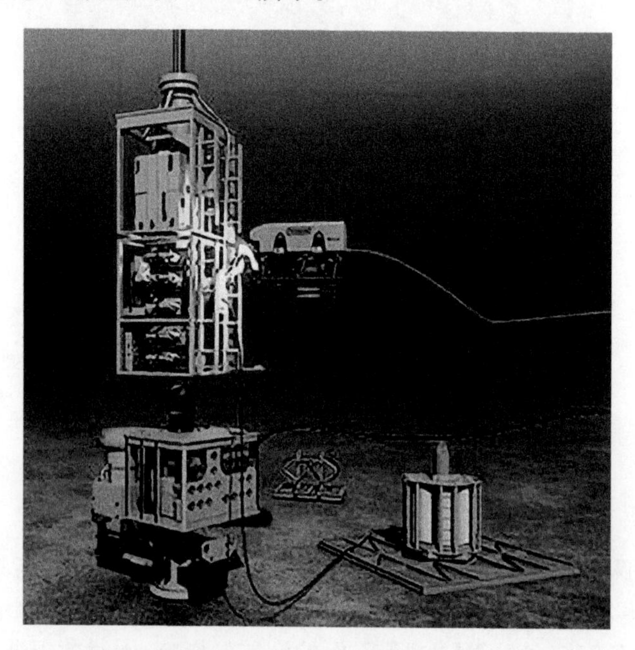

图 144-5　ROV 干预修井作业

6）脐带缆和输送管道安装/连接

ROV 干预脐带缆安装/连接如图 144-6 所示。

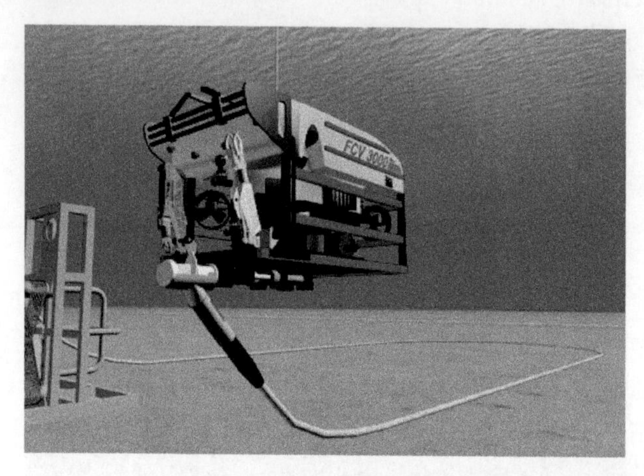

图 144-6　ROV 干预脐带缆安装/连接

7）管道埋设

通常海底管线不是完全暴露于海底的，有些部分半掩埋或埋于海底之下，这时就需要利用 ROV 调查海管位置和埋深。

145　水下安装作业对安装船舶的资源要求

进行安装作业时需有相当能力的船舶资源可用，具体要求如下：

(1) 具有相当能力的吊机，绞车连接的吊绳长度能满足水深需要。

(2) 具有符合安装作业要求的甲板面积。

(3) 具有深水动力定位能力。

(4) 具有升沉补偿能力。

146　遥控式水下机器人操纵连接系统

操纵连接系统(RTS)是 ROV 操纵连接系统的缩写，由一个通过 ROV 接口橇安装在标准工作级 ROV 上的牵引和连接工具组成。此工具由以下主要部分组成：

(1) 带有牵引绳和锚的牵引绞车。

(2) 螺旋千斤顶扭矩装置。

(3) 终端定向系统。

(4) 终端锁定系统。

(5) 接收器漏斗形承口。

(6) 外接毂定位夹具。

(7) ROV 面板。

147　下放和回收系统

下放和回收系统(LARS)是下放系统和回收系统的缩写，具有如下功能：

(1) 可将 ROV 及其 TMS 成功下放至水中。

(2) 可避免由 ROV 和浮式船体之间的不利撞击造成的任何剧烈摆动。

(3) 可通过飞溅带下放并回收运载装置/TMS 组件。

下放和回收系统由以下重要组件构成：

(1) 操作架。

(2) 脐带绞车。

(3) 甲板上液压动力装置。

148 工具释放装置

工具释放装置(TDU)是一个工具包,由一个或两个对接探头和一个安在笛卡儿式运输装置上的工具组成,TDU示意图如图148-1所示。TDU安装在ROV前方(或后方),作为机械手的补充或代替机械手。对接点提供了稳定准确的定位,而一级、二级或三级自由运输装置允许工具头接触一个或几个干预面。

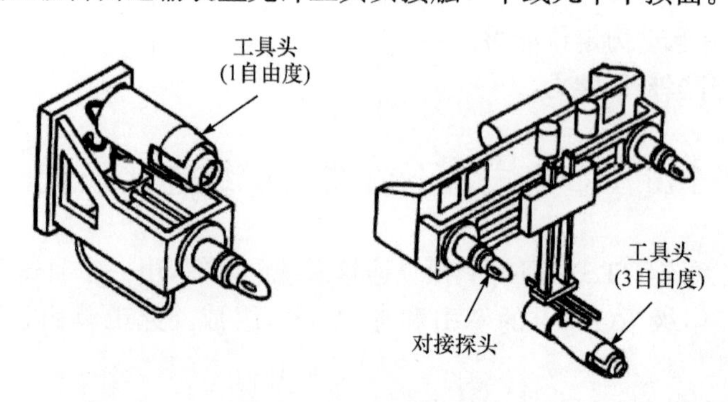

图148-1 TDU示意图

149 遥控式水下机器人接口布置的具体形式

ROV接口在水下结构物上的布置位置有以下三种。

(1) 在结构物外部:

① 可以由ROV机械臂直接够到或者通过使用加长杆(extension rod)够到;

② 对ROV操作空间要求最低;

③ 是ROV接口设计的首选。

(2) 在结构物内部,靠近外侧边缘:

① 接口在结构物内部,但靠近外侧边缘,距离结构物外表面小于1m;

② ROV作业工具进入结构物内部,但ROV本体依然停留在结构物之外。

(3) 在结构物内部深处:

① 接口在结构物内部,且距离结构物外表面大于1m;

② ROV和ROV作业工具需要进入结构物内部操作。

水下连接系统应尽量将ROV接口布置在结构物外部或者结构物内侧但距外表面小于0.5m范围内,避免需要ROV进入结构物内部。ROV接口离海床的高度应至少在1.5m以上。

150　遥控式水下机器人进入通道的基本要求

当 ROV 需要进入水下结构物内部作业时，在其前、后、左、右、上、下应留出足够的进出空间，如图 150-1 所示，图中 A 和 B 不小于 0.5m。

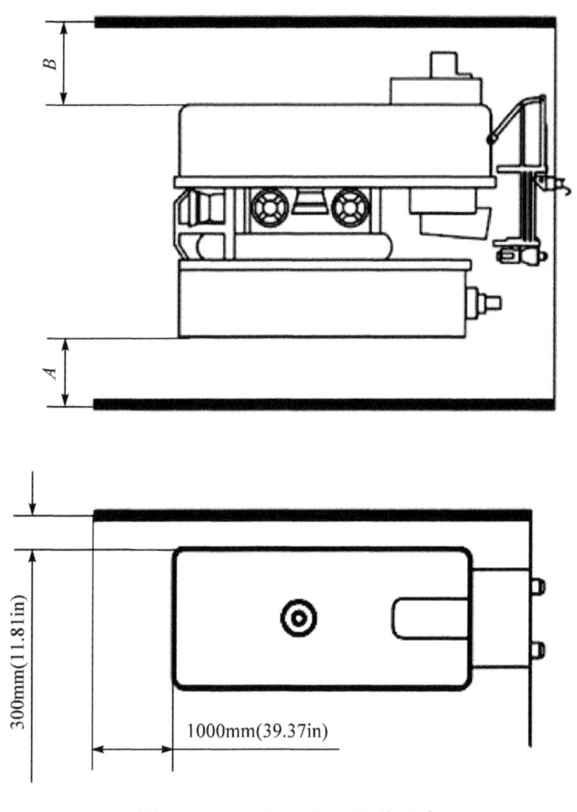

图 150-1　ROV 进入通道要求

1）水平进入通道空间要求

（1）水平进入通道宽度要求：

① 最小宽度为所选择的最大 ROV 宽度或 ROV 回转半径；

② ROV 侧边到结构物表面间余隙不小于 0.3m；

③ ROV 艉部至少要留 1m 的操作空间。

（2）水平进入通道高度要求：

ROV 的顶部和底部到结构物的距离不小于 0.5m（防止脐带缠绕）。

2）垂直进入通道空间要求

ROV 垂直进入通道空间要求如表 150-1 所示。

表 150-1 ROV 垂直进入通道空间要求

进入水下结构物深度/m(ft)	ROV 尺寸+余量
≤1.0(3.28)	5%
≤2.0(6.56)	10%
≥3.0(9.84)	20%

151 水下检查、安装、维护和维修的作业内容及作业工具

卡爪式连接器、卡箍式连接器、螺栓法兰连接器，在油气田寿命期限内的安装、维护、维修作业及所需要的作业工具总结如表 151-1～表 151-3 所示[132-150]。

表 151-1 卡爪式连接器水下安装、维护、维修作业

作业内容	需要的作业工具
1. 水下检查	
1.1 检查外部损坏	N/A
1.2 检查涡激振动	N/A
1.3 检查气体泄漏	N/A
1.4 检查压力帽牺牲阳极	牺牲阳极电位测量工具
1.5 检查海生物、钙盐沉积	N/A
2. 安装、维护和维修作业	
2.1 接头下放、对中	N/A
2.2 接头软着陆	安装工具、液压飞头
2.3 接头锁紧	安装工具、液压飞头
2.4 接头密封测试	液压飞头
2.5 更换密封元件	安装工具、密封更换工具、液压飞头
2.6 接头清洗	清洗工具
2.7 拆除短期压力帽	N/A
2.8 清除海生物、钙盐沉积、意外沉积物	冲刷工具

表 151-2 卡箍式连接器水下安装、维护、维修作业

作业内容	需要的作业工具
1. 水下检查	
1.1 检查外部损坏	N/A
1.2 检查涡激振动	N/A

续表

作业内容	需要的作业工具
1.3 检查气体泄漏	N/A
1.4 检查牺牲阳极	牺牲阳极电位测量工具
1.5 检查海生物、钙盐沉积	N/A
2. 安装、维护和维修作业	
2.1 接头下放	N/A
2.2 拆除接头保护帽	N/A
2.3 接头牵引、对中	牵引工具、液压飞头
2.4 接头锁紧	扭矩工具、液压飞头
2.5 接头密封测试	液压飞头
2.6 更换密封元件	扭矩工具、牵引工具、密封更换工具、液压飞头
2.7 接头清洗	扭矩工具、牵引工具、清洗工具、液压飞头
2.8 拆除短期压力帽	N/A
2.9 清除海生物、钙盐沉积、意外沉积物	冲刷工具

表 151-3　螺栓法兰连接器水下安装、维护、维修作业

作业内容	需要的作业工具
1. 水下检查	
1.1 检查外部损坏	N/A
1.2 检查涡激振动	N/A
1.3 检查气体泄漏	N/A
1.4 检查海生物、钙盐沉积	N/A
2. 安装、维护和维修作业	
2.1 管道对中	提管架、管道牵引、对中工具
2.2 螺栓穿入旋转法兰孔	螺栓插入与张紧工具
2.3 插入密封件	密封更换工具
2.4 螺栓穿入固定法兰孔、安装螺母	螺栓插入与张紧工具、螺母库
2.5 螺栓张紧	螺栓张紧工具
2.6 试压	管线系统整体试压
2.7 法兰清洗	法兰清洗工具
2.8 密封更换	密封更换工具
2.9 清除海生物、钙盐沉积、意外沉积物	冲刷工具

参考文献

[1] International Organization for Standardization. ISO 13628-1-2005. Petroleum and Natural Gas Industries—Design and Operation of Subsea Production Systems—Part 1: General Requirements and Recommendations[S]. Geneva:ISO,2005.

[2] 王莹莹,王德国,段梦兰,等. 水下生产系统典型布局形式的适应性研究[J]. 石油机械,2012,(4):58-63.

[3] 王建文,王春升,杨思明. 水下生产系统开发模式和工程方案设计[C]. 第十三届中国科协年会第13分会场——海洋工程装备发展论坛,天津,2011:27-33.

[4] 刘飞,李清平. 水下生产系统总体布局设计探讨[C]. 深海能源大会,海口,2015:151-156.

[5] 李丽娜,张飞,侯莉,等. 水下生产系统总体布置技术研究[J]. 中国海洋平台,2015,30(6):25-30.

[6] American Petroleum Institute. API RP 17N. Recommended Practice for Subsea Production System Reliability and Technical Risk Management[S]. Washington:API,2009.

[7] International Organization for Standardization. ISO 20815-2008. Petroleum,Petrochemical and Natural Gas Industries—Production Assurance and Reliability Management[S]. Geneva:ISO,2008.

[8] 琚选择,姜瑛,尹汉军,等. 基于API 17N的水下生产系统可靠性与技术风险管理[J]. 中国海洋平台,2014,29(3):35-39.

[9] 陈庆娟,王三明. RBI技术在我国企业的应用研究与改进思考[J]. 中国安全生产科学技术,2012,8(6):191-196.

[10] 刘富君,孔帅,胡东明,等. 风险评估技术(RBI)在我国的应用进展[C]. 远东无损检测新技术论坛,苏州,2009:402-408.

[11] 陈学东,杨铁成,艾志斌,等. 基于风险的检测(RBI)在实践中若干问题讨论[J]. 压力容器,2005,22(7):36-44.

[12] 郭凌,于雪梅,路思,等. 基于风险的检验RBI技术探讨[J]. 商情(财经研究),2008,(5):145.

[13] 郑明,姚安林,叶冲,等. 基于RBI的输气站场分离器风险评估方法研究[J]. 中国安全生产科学技术,2013,9(6):120-126.

[14] 李毅,詹燕民,轩军厂,等. 基于RBI技术的海上平台延期服役静设备定量化安全评估技术[J]. 中国安全生产科学技术,2013,9(10):121-126.

[15] 聂炳林. 基于RBI技术的海洋平台设备完整性分析[J]. 安全、健康和环境,2015,15(2):7-10.

[16] 胡华胜,王磊,傅如闻. 基于RBI技术的化工装置压力管道风险评估与在线检验策略研究[J]. 中国安全生产科学技术,2014,(6):171-175.

[17] 王勇,陈平,季华建,等. 石化装置开展 RBI 技术需关注的几个问题[J]. 石油化工设备,2010,39(1):75-77.

[18] 周守为,李清平,朱海山,等. 海洋能源勘探开发技术现状与展望[J]. 中国工程科学,2016,18(2):19-31.

[19] 李清平. 我国海洋深水油气开发面临的挑战[J]. 中国海上油气,2006,18(2):130-133.

[20] 宋琳,杨树耕,刘宝珑. 水下油气生产系统技术及基础设备发展与研究[J]. 海洋开发与管理,2013,30(6):91-95.

[21] American Petroleum Institute. API RP 2A. Planning,Designing and Constructing Fixed Offshore Platforms—Working Stress Design[S]. Washington:API,2014.

[22] American Institute of Steel Construction. AISC 360. Specification for Structural Steel Building[S]. Chicago:AISC,2010.

[23] Det Norske Veritas. DNV-OS-F101. Submarine Pipeline Systems[S]. Oslo:DNV,2013.

[24] Det Norske Veritas. DNV-RP-B401. Cathodic Protection Design[S]. Oslo:DNV,2005.

[25] American Welding Society. AWS D1. 1. Structural Welding Code—Steel[S]. Miami:AWS,2002.

[26] 高原,桂津,杜永军. 300 米水深 PLET 安装技术研究[J]. 中国造船,2012,53(2):65-73.

[27] 周美珍,王长涛,张飞. 流花 4-1 海管 PLET 建造和安装要求综述[C]. 中国海洋石油总公司第三届海洋工程技术年会,青岛,2012:301-306.

[28] 谭越,石云,刘明. 管道终端及防沉板基础分析[J]. 海洋石油,2011,31(3):93-96.

[29] Det Norske Veritas. DNV-CN-30. 5. Environmental Conditions and Environmental Loads [S]. Oslo:DNV,2000.

[30] 尹汉军,付剑波,苏锋,等. 水下 PLEM 的安装计算分析[J]. 中国海洋平台,2014,29(4):41-45.

[31]《海洋石油工程设计指南》编委会. 海洋石油工程深水油气田开发技术[M]. 北京:石油工业出版社,2011.

[32] American Society of Mechanical Engineers. ASME B31. 4. Pipeline Transportation Systems for Liquids and Slurries[S]. New York:ASME,2016.

[33] American Society of Mechanical Engineers. ASME B31. 8. Gas Transmission and Distribution Piping Systems[S]. New York:ASME,1999.

[34] American Society of Mechanical Engineers. ASME B31. 3. Process Piping[S]. New York:ASME,2016.

[35] American Petroleum Institute. API RP 1111. Owner/Operator's Guide to Operation and Maintenance of Vapor Recovery Systems at Gasoline Dispensing Facilities[S]. Washington:API,2003.

[36] Det Norske Veritas. DNV RP F105. Free Spanning Pipelines[S]. Oslo:DNV,2006.

[37] 王志军,崔雷. 水下管汇基础设计[J]. 广东化工,2013,40(10):159-161.

[38] 程光明,段梦兰,叶茂,等. 深水生产系统中吸力桩的承载能力计算[J]. 石油矿场机械,2013,42(12):46-50.

[39] 周承倜,马良. 海底管道屈曲及其传播现象[J]. 中国海上油气:工程,1994,(6):1-8.
[40] 高原,桂津,宋艳磊. 深水海底管道屈曲修复[C]. 中国海洋石油总公司第三届海洋工程技术年会,青岛,2012:77-80.
[41] 余建星,周宝勇,周清基,等. 海底管道 SSIV 设置研究[J]. 天津大学学报(自然科学与工程技术版),2011,44(7):565-570.
[42] 祝晓丹,王国富,廉立伟,等. 浅谈水下球阀的选用[J]. 中国造船,2012,(S2):423-428.
[43] International Organization for Standardization. ISO 14723. Petroleum and Natural Gas Industries—Pipeline Transportation Systems—Subsea Pipeline Valves[S]. Geneva:ISO,2009.
[44] American Petroleum Institute. API Spec 6DSS. Specification for Subsea Pipeline Valves [S]. Washington:API,2009.
[45] 闫嘉钰. 水下阀门类型及设计方案分析[J]. 石油机械,2015,43(11):68-73.
[46] 高翔,张益,陈雪娟,等. 水下管汇设计与安装技术研究[J]. 中国海洋平台,2015,30(4):41-44.
[47] 李刚,尹汉军,姜瑛,等. 基于 S-Lay 的水下在线管汇安装方法[J]. 船海工程,2014,(2):131-134.
[48] 叶茂,段梦兰,徐凤琼,等. S-Lay 型和 J-Lay 型铺管船的功能扩展研究[J]. 石油矿场机械,2014,(2):7-14.
[49] 晏妮,王晓东,胡红梅. 海底管道深水流动安全保障技术研究[J]. 天然气与石油,2015,33(6):20-24.
[50] 邓心茹. 深水流动安全保障技术研究[J]. 石油工业技术监督,2017,33(1):53-57.
[51] 徐志刚,彭红伟. 深水海底管道安全保障技术[C]. 海洋工程学术会议,厦门,2009:888-904.
[52] 喻西崇,冯叔初,李玉星,等. 起伏油气水多相管路中段塞流软件的研制[J]. 油气储运,2001,(3):22-24.
[53] 江延明,李玉星,冯叔初. 气液混输管线气相流量瞬态变化特性实验研究[J]. 石油大学学报(自然科学版),2003,27(1):72-75.
[54] 周凯,鞠朋朋,倪浩,等. 水下流动保障技术分析与评论[C]. 第三届中国海洋工程技术年会,宁波,2014:453-460.
[55] 雷玲琳,石晓栊. 天然气水合物抑制技术研究进展[J]. 西部探矿工程,2013,25(6):87-89.
[56] 许维秀,李其京,陈光进. 天然气水合物抑制剂研究进展[J]. 化工进展,2006,25(11):1289-1293.
[57] 蒲欢,梁光川. 集输油管道中的结蜡与防蜡[J]. 石油化工腐蚀与防护,2008,25(6):53-55.
[58] 王金宏,李东阳. 油田地面除砂设备的应用[J]. 科技资讯,2007,(27):35.
[59] 王文明,李亨涛,张仕民,等. 水下清管器发射技术进展[J]. 油气储运,2013,32(10):1043-1047.
[60] 孙雪梅,李刚,鞠朋朋,等. 水下清管球发射器的应用与研究[C]. 深海能源大会,海口,2015:436-439.

[61] 李雄岩,白浩,李雪梅,等. 多球可控型水下清管器的研制及应用[J]. 中国海洋平台,2012,(3):14-16.

[62] 阳建军,冒家友,原庆东,等. 水下管汇清管测试[J]. 清洗世界,2013,29(6):12-15.

[63] 李亨涛,张仕民,王思凡,等. 新型深水水下清管器发射装置[J]. 油气储运,2014,33(3):322-326.

[64] Abelsson C, Busland H, Henden R, et al. Development and testing of a hybrid boosting pump[C]. Offshore Technology Conference, Houston, 2011:206-215.

[65] Davis D, Kelly C, Normann T, et al. BP king—Deep multiphase boosting made possible[C]. Offshore Technology Conference, Houston, 2009:571-583.

[66] Knudsen T W. SWorld first submerged testing of subsea wet gas compressor[C]. Offshore Technology Conference, Houston, 2011:877-891.

[67] Henri B, Truls N, Terence H. Ormen lange subsea compression station pilot[C]. Offshore Technology Conference, Houston, 2010:646-657.

[68] American Petroleum Institute. API 610. Centrifugal Pumps for Petroleum, Petrochemical and Natural Gas Industries[S]. Washington: API, 2004.

[69] 曹为,姜瑛,付剑波. 海底管道连接工艺研究[J]. 机械工程师,2014,(6):15-18.

[70] 王宇,张俊斌,陈斌,等. 水下采油树应用技术发展现状[J]. 石油机械,2016,44(12):59-64.

[71] 王宇,张俊斌,蒋世全,等. 深水水下采油树系统的选型方案研究[J]. 海洋工程装备与技术,2016,3(2):85-92.

[72] 卢沛伟,袁晓兵,欧宇钧,等. 水下采油树发展现状研究[J]. 石油矿场机械,2015,(6):6-13.

[73] 王军,罗晓兰,段梦兰,等. 深水采油树井口连接器锁紧机构设计研究[J]. 石油矿场机械,2013,42(3):16-21.

[74] 王定亚,邓平,刘文霄. 海洋水下井口和采油装备技术现状及发展方向[J]. 石油机械,2011,39(1):75-79.

[75] 杨壮春,孙维,张鹏举,等. 深海油气井口连接器水下锁紧及自锁紧研究及应用[J]. 新技术新工艺,2016,(3):49-52.

[76] 张亮,张玺亮,孙子刚,等. 深水油田立式水下采油树安装操控作业[J]. 石油钻采工艺,2012,(S1):117-120.

[77] 高国强,张鹏举,齐效文. 水下采油树故障关断阀性能测试程序及应用[J]. 科技信息,2014,(13):51-53.

[78] 刘卓,张宪阵,肖易萍,等. 水下采油树关键部件 FAT 测试技术研究[J]. 中国测试,2014,40(2):5-8.

[79] 杨洪庆,周斌,邵奎志,等. 水下控制系统设计研究[J]. 中国造船,2012,(S1):97-100.

[80] 吴永鹏. 水下生产系统的设计和应用[J]. 船海工程,2015,44(5):25-27.

[81] 周美珍,张维庆,程寒生. 水下生产控制系统的比较与选择[J]. 中国海洋平台,2007,22(3):47-48.

[82] Fabbri M. An overview of multiplexed E/H subsea control systems[C]. Offshore Technology Conference, Houston, 1988: 469-477.

[83] Westwood J D. Subsea controls and data acquisition—An overview[C]. Subsea Control and Data Acquisition: Proceedings of an International Conference, London, 1990: 106-128.

[84] Winther-Larssen E, Massie D, Eriksson K G. Subsea all electric technology: Enabling next generation field developments [C]. Offshore Technology Conference, Houston, 2016: 133-149.

[85] 左信，岳元龙，段英尧，等. 水下生产控制系统综述[J]. 海洋工程装备与技术，2016，3(1)：58-66.

[86] Boles B D. Subsea production control: Beryl field[C]. European Petroleum Conference, London, 1984: 117-124.

[87] Stivers S G. Electro-hydraulic control systems for subsea applications[C]. SPE European Spring Meeting, Amsterdam, 1972: 248-256.

[88] Pipe T. Subsea hydraulic power generation and distribution for subsea control systems[C]. European Petroleum Conference, London, 1982: 829-842.

[89] Locheed E W, Phillips R. A high integrity electro-hydraulic subsea production control system[C]. Offshore Technology Conference, Houston, 1979: 146-158.

[90] McLin R. Applying fault, hot swappable control architectures in subsea environment[C]. Offshore Europe, Aberdeen, 2011: 108-114.

[91] Frantzen K, Kent I, Phillips R. Control system upgrades for Tordis and Vigdis field—A project case study of revitalising brownfield developments with next generation subsea controls[C]. Offshore Technology Conference, Houston, 2011: 302-313.

[92] Stair M A, Clark G R, White J. Zinc project: Overview of the subsea control system[C]. Offshore Technology Conference, Houston, 1993: 203-218.

[93] Jernstrm T, Sangeland S, Hgglin A. An all-electric system for subsea well control[C]. Offshore Technology Conference, Houston, 1993: 275-283.

[94] Halvorsen V, Koren E. All-electric subsea tree system[C]. Offshore Technology Conference, Houston, 2008: 747-756.

[95] Abicht D, Akker J V D. The 2nd generation DC all-eletric subsea production control system [C]. Offshore Technology Conference, Houston, 2011: 532-540.

[96] Lindsey-Curran C, Theobald M. Benefits of all-electric subsea production control systems [C]. Offshore Technology Conference, Houston, 2005: 56-57.

[97] Akker J V D, Mackenzie R, Gerardin P. The first all electric subsea system on stream: Development, operational feedback and benefits for future applications[C]. Offshore Technology Conference, Houston, 2009: 608-618.

[98] Sigurd M. Electric subsea controls coming of age[J]. Offshore, 2009, 69(11): 82.

[99] Robinson G M, Hasan Z, Kapetanic N. Subsea field development optimization using all electric controls as an alternative to conventional electro-hydraulic[C]. Society of Petroleum

Engineers, Bali, 2015: 156-166.
[100] Theobald M. Autonomous control system (SPARCS) for low cost subsea production systems[C]. Subsea International, Aberdeen, 1993: 125-148.
[101] Galletti A R, Franceschini G. The role of autonomous subsea control systems in subsea production[C]. Offshore Technology Conference, Houston, 1989: 126-132.
[102] Theobald M C. SPARCS autonomous control system[C]. Subsea Control and Data Acquisition: Proceedings of an International Conference, London, 1994: 137-153.
[103] Hasvolda Ø, Henriksena H, Melvra E, et al. Sea-water battery for subsea control systems [J]. Journal of Power Sources, 1997, 65(1): 253-261.
[104] Garbuglia E, Calore D, Guaita P. Future developments in subsea autonomous control systems[C]. Offshore Europe, Aberdeen, 1997: 403-409.
[105] Balletti R, Citi G, Battaia C. Sea water batteries application to the luna 27 autonomous well [C]. European Petroleum Conference, Milan, 1996: 591-598.
[106] Christiansen P E, Mackay S A, Mullen K, et al. Remote field control and support strategy—Umbilicals versus control buoys[C]. SPE Asia Pacific Oil and Gas Conference and Exhibition, Perth, 2004: 452-466.
[107] Hands P. Remote low cost subsea control system[C]. Subtech'95: Addressing the Subsea Challenge, Aberdeen, 1995: 153-169.
[108] Casey M D, Lawlor C D F. Development and testing of a novel subsea production system and control buoy for the east spar field development, Offshore Western Australia[C]. SPE Asia Pacific Oil and Gas Conference, Dallas, 1996: 69-80.
[109] Pinho O D, Euphemio M, Correia O. Autonomous buoy for offshore well control and monitoring[J]. Journal of Petroleum Technology, 1998, 50(8): 58-59.
[110] International Organization for Standardization. ISO 13628-6-2006. Petroleum and Natural Gas Industries—Design and Operation of Subsea Production Systems—Part 6: Subsea Production Control Systems[S]. Geneva: ISO, 2006.
[111] International Electrotechnical Commission. IEC 61508. Electrical/Electronic/Programmable Electronic Safety—Related Systems—E/E/PE SRS[S]. Geneva: IEC, 2010.
[112] International Electrotechnical Commission. IEC 61511. Functional Safety—Safety Instrumented Systems for the Process Industry Sector[S]. Geneva: IEC, 2016.
[113] 薛叙. 水下电控系统主控站的设计与研究[D]. 哈尔滨:哈尔滨工程大学, 2013.
[114] 张汝彬, 王向宇, 刘冬冬, 等. 海洋石油水下电控系统主控站设计[J]. 化工自动化及仪表, 2015, 42(10): 1160-1164.
[115] 苏锋, 马洪文, 王立权, 等. 水下生产控制系统液压管路设计及仿真[J]. 机械设计与制造, 2015, (9): 135-138.
[116] 李墨林, 王彦辉, 李志刚, 等. 海洋油气田中央控制系统概况及分析[J]. 化工管理, 2016, (18): 38.
[117] 武岳, 王伟, 李志刚, 等. 石油平台中控系统操作记录的实现[J]. 自动化与仪表, 2015, 30

(10):73-76.

[118] 王伟,李志刚,李墨林,等. 安全仪表系统的安全性与可用性研究[J]. 自动化与仪表,2015,30(6):73-76.

[119] 杨安,王立权,苏锋,等. 水下控制模块的结构分析与设计[J]. 化工自动化及仪表,2015,(4):422-425.

[120] 刘培林,曹学伟,苏锋,等. 水下控制模块对接机构设计及对接试验[J]. 中国海上油气,2016,28(5):110-114.

[121] International Organization for Standardization. ISO 13628-8-2002. Petroleum and Natural Gas Industries—Design and Operation of Subsea Production Systems—Part 8: Remotely Operated Vehicle (ROV) Interfaces on Subsea Production Systems[S]. Geneva: ISO, 2002.

[122] 杨立平. 海洋石油完井技术现状及发展趋势[J]. 石油钻采工艺,2008,30(1):1-6.

[123] 陈金龙. 海洋动态脐带缆的整体设计与分析[D]. 大连:大连理工大学,2011.

[124] 卢青针. 水下生产系统脐带缆的结构设计与验证[D]. 大连:大连理工大学,2013.

[125] 王爱军,杨和振. 深海脐带缆弯曲加强器时域疲劳敏感性分析[J]. 上海交通大学学报,2012,46(10):1637-1641.

[126] 郭宏,屈衍,李博,等. 国内外脐带缆技术研究现状及在我国的应用展望[J]. 中国海上油气,2012,24(1):74-78.

[127] 王启明,谭定忠,王茁,等. 水下作业工具系统[J]. 机械工程师,2004,(8):65-68.

[128] 许竞克,王佑君,侯宝科,等. ROV 的研发现状及发展趋势[J]. 四川兵工学报,2011,32(4):71-74.

[129] 宋辉. ROV 的结构设计及关键技术研究[D]. 哈尔滨:哈尔滨工程大学,2008.

[130] 庞维新,李清平,李迅科. 我国海洋油气 ROV 作业能力现状与展望[J]. 油气储运,2015,34(11):1157-1160.

[131] 黄明泉. 水下机器人 ROV 在海底管线检测中的应用[J]. 海洋地质前沿,2012,28(2):52-57.

[132] 李志刚,付剑波,姜瑛,等. 卡爪式水下连接器 ROV 作业接口技术研究[J]. 石油矿场机械,2014,43(12):35-39.

[133] 李志刚,刘军,王立权,等. 水下卡爪式连接器安装工具设计研究[J]. 应用科技,2014,41(4):61-64.

[134] 李志刚,运飞宏,姜瑛,等. 水下连接器密封性能分析及实验研究[J]. 哈尔滨工程大学学报,2015,36(3):389-393.

[135] 王道明,李志刚,姜瑛,等. 卡爪式水下连接器的设计与仿真分析[J]. 机床与液压,2015,43(23):129-131.

[136] 付剑波,李志刚,姜瑛,等. 水下连接器性能鉴定试验技术研究[J]. 石油矿场机械,2014,43(6):31-37.

[137] 时黎霞,李志刚,王立权. 海底管道回接技术[J]. 天然气工业,2008,28(5):106-108.

[138] 王立权,董金波,张岚. 深海管道回接对接机具设计[J]. 天然气工业,2012,32(4):75-78.

[139] 王立权,安少军,王刚. 深水海底管道套筒连接器设计与分析[J]. 哈尔滨工程大学学报,2011,32(9):1103-1107.

[140] 王立权,王才东,赵冬岩,等. 水下螺栓组连接引入装置动力学仿真及试验研究[J]. 中国机械工程,2011,22(11):1278-1283.

[141] 王立权,潘钟键,赵冬岩,等. 海底管道对准技术的研究[J]. 机床与液压,2010,38(21):16-18.

[142] 王立权,魏宗亮. 深海油气管道连接器密封机理与多目标优化研究[J]. 天然气工业,2016,36(8):116-123.

[143] 运飞宏,王立权,刘军,等. 深水卡爪连接器防松机构研究及试验分析[J]. 哈尔滨工程大学学报,2017,38(5):771-777.

[144] 运飞宏,王立权,刘军,等. 深水卡爪式连接器密封优化分析及试验研究[J]. 华中科技大学学报(自然科学版),2017,45(4):23-28.

[145] 魏宗亮,王立权,关雨,等. 新型海底管道连接器密封性能的优化[J]. 华中科技大学学报(自然科学版),2017,45(3):40-45.

[146] 王宇臣,刘军,王立权,等. 水下连接器振动测试技术研究[J]. 工业技术创新,2015,2(4):411-417.

[147] 刘军,徐祥娟,王立权,等. 深水立式连接器密封圈更换工具作业过程运动学分析[J]. 内蒙古石油化工,2015,(14):41-42.

[148] 王立权,王文明,何宁,等. 深海管道法兰连接机具的设计与仿真分析[J]. 哈尔滨工程大学学报,2010,31(5):559-563.

[149] 时黎霞,王立权. 深水液压卡爪式法兰连接器的设计[J]. 长春理工大学学报(自然科学版),2009,32(4):595-598.

[150] 王立权,王文明,赵冬岩,等. 深海管道法兰连接方案研究[J]. 天然气工业,2009,29(10):89-92.